NTUMBA BUILELA Hubert

Contribuição da direção para a criação de uma micro-central hidroelétrica

NTUMBA BUILELA Hubert

Contribuição da direção para a criação de uma micro-central hidroelétrica

Rumo à utilização das energias renováveis para o desenvolvimento das zonas rurais ou urbano-rurais da RDC

ScienciaScripts

Cover image: www.ingimage.com

This book is a translation from the original published under ISBN 978-620-6-71516-0.

Publisher:
Sciencia Scripts
is a trademark of
Dodo Books Indian Ocean Ltd. and OmniScriptum S.R.L publishing group

120 High Road, East Finchley, London, N2 9ED, United Kingdom
Str. Armeneasca 28/1, office 1, Chisinau MD-2012, Republic of Moldova, Europe
Printed at: see last page
ISBN: 978-620-8-08908-5

Conteúdo

Epígrafe

Partir do nada para construir um monumento.

NSAMAN - O - LUTU Oscar (Ph.D)
Professor Emérito

In memoriam

Para o meu querido pai **NTUMBA BULELA Hubert**

Para a minha querida mãe **KAMWANYA Therese**

NTUMBA BUILELA Hubert

Dedicação

À minha querida esposa e companheira de vida AMBA BANGA Lucie

AGRADECIMENTOS

Como preâmbulo deste livro de memórias, gostaria, em primeiro lugar, de agradecer ao meu Senhor Jesus Cristo que me deu o potencial para concluir este trabalho e gostaria de expressar os meus mais sinceros agradecimentos pelo sopro da vida e pela sua graça e misericórdia.

Gostaria de expressar os meus sinceros agradecimentos ao Professor PALAMA BONGO François, que me deu a honra de ser o Diretor deste trabalho, bem como pela sua supervisão, os seus muitos conselhos e o seu apoio constante ao longo deste tema.

Gostaria de agradecer sinceramente aos co-orientadores Professor MBOL Bernadin, Professor MUAKA NDOMBE Justin e Professor MANY Emmanuel que me ajudaram e contribuíram para a elaboração desta dissertação, pela sua presença e pelo tempo que se dispuseram a dedicar à reavaliação deste trabalho, e aos membros da equipa de coordenação da pós-graduação da Universidade CEPROMAD.

Os meus agradecimentos vão também para a Professora MAVUELA Richard por tudo o que fez por uma causa tão justa e necessária, por ter sabido encorajar-me sempre na minha nobre decisão.

Gostaria de estender um agradecimento muito especial e religioso ao Professor Emerite NSAMAN - O - LUTU Oscar (Ph.D), iniciador, magnífico Reitor, Professor Emerite e aos Professores Universitários da rede CEPROMAD.

Os meus sinceros agradecimentos aos Professores ATWEL - OKEL MUNTUNGI Gode e MWAMBA Gode pelo seu mérito em encorajar-me e empurrar-me para ir mais longe do que me limitar ao nível inferior depois de obter o meu bacharelato.

Gostaria de exprimir os meus sinceros agradecimentos aos professores e ao pessoal administrativo da Universidade CEPROMAD, bem como aos professores de outras universidades, pela sua disponibilidade para me ajudarem a realizar e concluir esta investigação.

Por último, gostaria de expressar os meus mais sinceros agradecimentos às pessoas que sempre me apoiaram e encorajaram durante a redação desta tese.

NTUMBA BULELA Hubert

INTRODUÇÃO GERAL

1. CONTEXTO E ENQUADRAMENTO DO TRABALHO[1]

Esta dissertação foi concebida para ser defendida com vista à obtenção do Diploma de Estudos Avançados em Gestão e Economia, com especialização em Gestão de Empresas. No âmbito da organização do terceiro ciclo na Universidade do CEPROMAD, abreviadamente UNIC, que recomenda aos estudantes do DEA que escrevam e defendam em público uma dissertação sobre o projeto de investigação, cujos resultados serão de utilidade social, económica e ambiental, com indicadores objetivamente verificáveis, a fim de sancionar o final do 3º ciclo com a implementação de uma micro-central hidroelétrica em Kinzono, juntamente com uma dose de gestão para promover o desenvolvimento.

Na trigésima quarta reunião do Conselho de Ministros, realizada em Lubumbashi em 24 de dezembro de 2021, o Governo congolês aprovou o programa de desenvolvimento local para 145 territórios (PDL - 145 T).

Os principais objectivos deste desenvolvimento são a redução das desigualdades sociais, a revitalização das economias locais e a transformação das condições de vida da população congolesa que vive em zonas até agora mal servidas pelo sistema de planeamento e programação, no âmbito da luta contra as desigualdades territoriais, a insegurança e a pobreza multidimensional das populações rurais.

Este modelo ambicioso divide-se em duas componentes:

1. Melhorar o acesso à eletrificação e aos serviços socioeconómicos de base para as populações que vivem nas zonas rurais.
2. Promover o desenvolvimento das economias rurais e das cadeias de valor locais através da luta contra a pobreza.

O nosso trabalho intitula-se "Gestão da criatividade e estratégia de desenvolvimento do projeto da microcentral de Kinzono, cidade da província de Kinshasa na comuna de Maluku. Um estudo analítico dos dados

[1] A. DAYAN et al, Manuel de gestion, volume 1,2e ed Elipses, Paris, 2004, p43

Os estudos quantitativos e qualitativos continuam a ser essenciais para desvendar, passo a passo, os fenómenos que acompanham o projeto ou modelo de "criatividade e gestão estratégica" na cidade de Kinshasa, especificamente na comuna de Maluku, no distrito de KINZONO, que tem um carácter urbano-rural (um constrangimento da cidade), identificado pelo subdesenvolvimento e pela ausência de eletricidade.

Estes identificam os factores que afectam negativamente o progresso da zona. Ao realizar este estudo para investigar a viabilidade deste desenvolvimento, tendo em conta os aspectos de gestão e estratégicos do local.

Esta implementação e a implementação desta atividade encorajaram-nos a gerir de forma assídua as culturas de gestão. Esta reflexão científica está dividida em duas partes principais, para além da introdução geral e da conclusão geral. A primeira é o estudo concetual, subdividido em dois capítulos, a saber, as generalidades sobre a gestão operacional e estratégica geral, seguidas da noção de criação, que se apoia nos conhecimentos da gestão da criatividade, nos pontos fortes de Michael Porter e nas normas (ISO). Modelos de gestão do desempenho e estilos de gestão, sem esquecer os conceitos de BLAKE e MOUTON, PESTEL, MCKINSEY, etc.

A segunda parte, intitulada "Modelo de gestão económica", está igualmente subdividida em dois capítulos, o primeiro sobre o conceito de energia, que conduz à utilização eficaz da energia, e o segundo sobre a gestão da energia, os estudos ambientais, o impacto da energia (desenvolvimento) e, finalmente, a proposta de modelo resultante do estudo.

2. ESCOLHA E INTERESSE DO TEMA

Antes de mais, é preciso saber que nenhuma atividade se pode desenvolver sem o fornecimento e a distribuição de energia à população, o que significa que somos obrigados a fazer um levantamento do local de produção e a fazer o ponto da situação.

Dado que a energia é um fator essencial para o desenvolvimento de todos os domínios da vida. A energia é definida como a capacidade de um povo de aproveitar a natureza, transformando-a e utilizando-a para o seu próprio bem-estar. Agindo como agente de desenvolvimento do território, a energia eléctrica apoiará o desenvolvimento deste bairro, através da criação desta micro-hídrica que contribuirá para a economia local dos habitantes. O objetivo é fornecer uma base hipotética para estudos mais aprofundados por nós ou por outros investigadores interessados na área. Este trabalho abrange várias áreas de interesse, nomeadamente:

a) Interesse científico: Este estudo analisa as causas da falta de eletrificação, com o objetivo de formular hipóteses para ajustar as abordagens metodológicas

que possam conduzir a um desenvolvimento pacífico.
b) Interesse pessoal: A instalação de rádios e televisões conduziu ao desenvolvimento da informação, um fator favorável à cultura.
c) Interesse coletivo: A demonstração da iluminação promoveria a segurança e a paz no interesse nacional.
d) Interesse nacional: A central microeléctrica contribuirá para o desenvolvimento nos locais onde existe energia disponível.
e) Interesse económico: Os utilizadores de eletricidade pagam impostos para aumentar o tesouro público e satisfazer as muitas necessidades do país.
f) Interesse ecológico: A utilização de energia eléctrica ajuda a reduzir o consumo excessivo de madeira;
g) Benefícios para a saúde: A eletricidade facilita à REGIDESO a distribuição de água, o que reduz as doenças causadas por mãos sujas e evita a morte de ervas daninhas.

A República Democrática do Congo sofre de falta de eletricidade, nomeadamente nas zonas urbanas e rurais, como é o caso do distrito de KINZONO, na comuna de MALUKU. Estudos revelaram que a taxa de eletrificação na RD Congo é de 31%, sendo de 30% nas zonas urbanas e de 1% nas zonas urbano-rurais. Na Europa, 95% da população trabalha no sector formal, enquanto em África a mesma percentagem trabalha no sector informal devido ao subdesenvolvimento. A principal razão para isso é a falta de eletricidade nos bairros, o que resulta em condições de vida desastrosas. Quais são as causas do subdesenvolvimento nas zonas urbanas e rurais? E que mecanismo pode ser posto em prática para resolver o problema do subequipamento?

Este estudo ajudará a comparar ideias e a clarificar as opiniões das partes interessadas capazes de criar o clima de desenvolvimento adequado para que as comunidades possam beneficiar de serviços apropriados e ser geridas de acordo com os princípios da boa governação local.

O objetivo principal desta reflexão científica é dar um contributo analítico e de gestão para a redução do índice de subdesenvolvimento em relação aos Objectivos de Desenvolvimento do Milénio (ODM).

Os oito Objectivos de Desenvolvimento do Milénio (ODM) foram adoptados em Nova Iorque, em 2000, no âmbito da Declaração do Milénio das Nações Unidas, por 193 Estados membros das Nações Unidas e, pelo menos, 23 organizações internacionais, que concordaram em atingi-los até 2015. Os Objectivos de Desenvolvimento Sustentável (ODS), que dão seguimento aos ODM, foram posteriormente elaborados. Estes objectivos abrangem questões importantes e estão estruturados em torno destes objectivos.

A redução da pobreza extrema e cada um dos objectivos de desenvolvimento podem ser divididos em várias metas.

Este objetivo baseia-se em três metas.

- **O primeiro objetivo: reduzir para metade, entre 1990 e 2015, a percentagem de pessoas que vivem com menos de um dólar por dia.**

O Banco Mundial estima que, em 2005, 1,4 mil milhões de pessoas viviam em situação de pobreza extrema. A crise alimentar, causada pelo aumento dos preços dos produtos de base, está a empurrar mais cerca de 100 milhões de pessoas para a pobreza extrema. Se este objetivo parece estar ao nosso alcance, isso deve-se principalmente ao crescimento económico na Ásia, enquanto a África Subsariana parece estar a estagnar.

- **Segundo objetivo: Proporcionar emprego digno e produtivo a toda a população.**

Nos últimos dez anos, a produtividade nos países da Ásia e da CEI quadruplicou, contribuindo para reduzir o número de trabalhadores pobres. A África Subsariana, por outro lado, continua a ficar para trás, com mais de 50% dos trabalhadores a viverem com um dólar por dia.

- **Objetivo 3: Reduzir para metade a proporção de pessoas que sofrem de fome (malnutrição, subnutrição) entre 1990 e 2015.**

O aumento dos preços dos produtos de base, mas também os regimes alimentares, a utilização nos regimes alimentares, a urbanização, a utilização de parcelas para produção ou o problema dos subsídios à agricultura desenvolvida, tornam este objetivo difícil de alcançar.

O Sul da Ásia e a África Subsariana são as zonas mais carenciadas, sendo a subnutrição causada pelo subdesenvolvimento.

1. Garantir o ensino primário para todos

O objetivo é garantir que, até 2015, todas as pessoas no mundo possam concluir um curso completo de ensino primário.

Em 2006, 570 milhões de crianças frequentavam a escola, deixando 73 milhões de crianças em idade escolar fora da escola. 88% das crianças dos países em desenvolvimento frequentam a escola. Isto sugere que o objetivo pode ser alcançado até 2015. Na África Subsariana, a taxa de escolarização era de 12,5% em 2006 e no Sul da Ásia de 9%. A experiência mostra que a taxa de escolarização diminui significativamente quando as propinas são aumentadas (como acontece em muitos países africanos).

2. Garantir um ambiente humano sustentável.

Esta abordagem da sustentabilidade ambiental baseia-se em 3 objectivos.

O primeiro objetivo consiste em integrar os princípios do desenvolvimento sustentável nas políticas e programas nacionais e inverter a atual tendência para

a perda de recursos naturais;
O segundo objetivo é reduzir a perda de biodiversidade e conseguir uma redução significativa da taxa de perda de biodiversidade até 2010.
Embora este objetivo ainda não tenha sido atingido, a biodiversidade continuará a ser uma prioridade global durante, pelo menos, os próximos 10 anos, tal como demonstrado pela declaração da ONU de 2011-2020 como a Década da Biodiversidade.
Com uma estratégia renovada, decidida na conferência da ONU em Niagoya, em 2010, e que será especificada na conferência de Hyderabad sobre a diversidade, em 2012.
O terceiro objetivo consiste em melhorar significativamente a vida de, pelo menos, 100 milhões de habitantes de bairros degradados até 2020.

3. Construir uma parceria global para o desenvolvimento.

- A ajuda pública ao desenvolvimento continua a diminuir, passando de um recorde de 107,1 mil milhões de dólares em 2005 para 103,7 mil milhões de dólares em 2007, mas todos os anos seria necessário que os países desenvolvidos concedessem mais 18 milhões de dólares para atingir a duplicação da ajuda decidida pelo Ocidente (G8) em 2015.
- Responder às necessidades específicas dos países menos desenvolvidos, dos países ou zonas sem litoral e das ilhas em desenvolvimento mais pequenas.
- Desenvolver rapidamente um sistema comercial e financeiro mais aberto para a eletrificação, promovendo a cooperação bilateral e multilateral a nível mundial.
- Partilhar os benefícios do desenvolvimento das NTIC com os países em desenvolvimento O número de assinantes de um telefone fixo ou móvel disparou literalmente, passando de 530 milhões em 1990 para mais de 4 mil milhões no final de 2006, incluindo 2,7 mil milhões de telemóveis. Trata-se de uma oportunidade única para colmatar as lacunas tecnológicas entre os países pobres e os países ricos, sendo o telefone móvel frequentemente citado como um dos principais instrumentos para o desenvolvimento global. O acesso à Internet também ajudará a cumprir vários dos Objectivos de Desenvolvimento do Milénio.

ESTADO DA QUESTÃO

O nosso tema já foi abordado por vários pioneiros.
Estes são :
1. REC/INDE, distribuição rural e gestão da energia nos países em desenvolvimento, março de 2020 : O autor conclui a sua reflexão científica identificando as principais causas do subdesenvolvimento das zonas rurais, as diferentes fontes utilizadas para abastecer as zonas rurais e urbano-rurais,

determinando os meios de transmissão desta energia ao consumidor e avaliando o método de faturação do consumo rural.

2. KHUZAMA e VIKOIS, cujo autor reflectiu sobre os mecanismos a pôr em prática para garantir a aceitação do projeto nas zonas rurais, onde a população continua a ser geralmente pobre.

3. O COASE, R le rôle de l'Etat (O papel do Estado), que trata das fundações e das reformas, preocupou-se em determinar o papel essencial do Estado no apoio aos investidores, que constituem um sistema com componentes como as entidades territoriais, as comunas e as cidades, as instituições políticas e administrativas, os organismos ou agências, as associações e as empresas públicas ou empresas geralmente não activas.

De tudo o que foi dito, tentaremos apresentar certas exigências de gestão (uma dose de gestão) apresentando um modelo chamado HNB, que pretende ser um gestor de alto nível com pontos como eficácia na gestão, eficiência e desempenho, rentabilidade, desempenho e racionalidade.

3. QUESTÕES

É vital que trabalhemos no âmbito dos objectivos dos ODS para a população urbano-rural.

Os condicionalismos ligados às infra-estruturas são enormes: têm de assegurar a produção, sem esquecer o transporte e, por fim, a distribuição à população.

Como é que as energias renováveis podem ser geridas e utilizadas para desenvolver as zonas rurais ou urbano-rurais?

- Um custo de investimento muito elevado para uma população densa e com baixos rendimentos, tendo em conta os factores socioeconómicos, colocaria um problema complexo de determinação do custo real do investimento. Como organizar a produção de energia eléctrica, tendo em conta os factores socioeconómicos? Que contributo pode dar a gestão para a criação de uma micro-central hidroelétrica?

Além disso, os custos muito elevados da energia terão um impacto no custo dos produtos agrícolas exportados para os centros urbanos.

4. HIPÓTESE DO TRABALHO

As principais causas da falta de acesso à energia eléctrica seriam uma grande preocupação dos habitantes das comunidades locais, a utilização ineficaz dos recursos disponíveis e a atribuição de recursos insuficientes aos serviços. A distribuição ineficaz dos recursos entre as zonas rurais e as populações ricas e as despesas elevadas das famílias dificultam o desenvolvimento.

- A criação de uma micro-central hidroelétrica é uma melhoria e uma inovação que visa aliviar o sofrimento económico das famílias em pleno século XXI e, sobretudo, cumprir os Objectivos de Desenvolvimento do Milénio para o acesso à eletrificação e o desenvolvimento das zonas rurais, acrescentando uma dose de gestão.

• A central hidroelétrica pode ser considerada como um vetor de desenvolvimento e de crescimento económico, pelo que a criação de uma micro-central hidroelétrica exige uma gestão participativa das partes interessadas:

• A reação das actividades que vão gerar desenvolvimento.

- A equipa (empregados)
- Instituições públicas
- A autoridade local
- Parceiros privados.

5. MÉTODOS DE INVESTIGAÇÃO UTILIZADOS

Toda a investigação científica requer a referência a visões do mundo partilhadas por uma comunidade científica, conhecidas como "paradigma epistemológico". O termo paradigma refere-se a uma constelação de crenças, valores e técnicas partilhadas por uma determinada comunidade (Kuhn, 1962).

Metodologicamente, o quadro do paradigma epistemológico interpretativista é a nossa escolha, dado que a investigação sobre o "saber ser melhor" numa estrutura complexa como a criação de uma microcentral eléctrica condiciona não só as práticas de investigação admissíveis, mas também as formas de justificação do conhecimento desenvolvido, que devem ser aplicadas neste trabalho.

Isto justifica-se pela ideia de Sandberg (fabricante sueco de produtos de primeira necessidade) que defende que os diferentes sujeitos que participam numa determinada situação são capazes de chegar a acordo sobre a atribuição de um determinado significado através da aplicação da cultura de gestão. Utilizando métodos como uma ficha de inquérito, um inquérito interrogativo e a observação dos habitantes, identificando claramente as necessidades desta comunidade, com vista a estabelecer um diagnóstico da racionalidade, da eficácia, da eficiência e do desempenho desta estrutura na comuna de MALUKU, precisamente no distrito de KINZONO, cidade e província de Kinshasa.

• Esta investigação baseia-se em experiências em zonas urbanas e rurais.

• Ao observar o ambiente, conseguimos identificar as necessidades reais da população da comuna de Maluku, que vive numa situação desastrosa.

• Os contactos com os habitantes locais da zona de Kinzono e os intercâmbios gratificantes orientaram a nossa abordagem.

I PARTE

ESTUDO CONCEPTUAL

CAPÍTULO I. GERAL

INTRODUÇÃO

A divulgação da informação científica é uma operação intelectual extremamente difícil, tanto para a comunidade científica como para a sociedade em geral. Atualmente, poucos produtos científicos podem limitar o seu campo de atividade a um único sector da vida humana. São cada vez mais multidisciplinares e/ou interdisciplinares, para poderem demonstrar a sua pertinência.

Logicamente, a informação relativa à ciência da gestão é visada devido à sua omnipresença nas organizações públicas e privadas, com ou sem fins lucrativos, do sector mercantil ou não mercantil.

A ciência da gestão é uma disciplina jovem do nosso tempo, a era contemporânea com práticas muito distantes (período pré-histórico). Mais precisamente, entre 1910 e 1925, o americano Frederick Winolow Taylor, o francês Henry Fayol e o alemão Max Weber apresentaram uma série de propostas conceptuais e metodológicas cuja influência é ainda hoje claramente percetível, tanto na prática como nas nossas teorias. Embora as suas motivações e abordagens fossem diferentes (Taylor era um engenheiro que procurava otimizar as estruturas, Fayol um gestor que desejava dar testemunho da sua experiência e Weber o precursor da sociologia das organizações), podem legitimamente ser considerados como os pais fundadores da organização e da gestão, uma vez que esta última continua a ser uma ciência interdisciplinar.

É evidente que as receitas de gestão impulsionaram as economias das empresas e dos Estados de todo o mundo na procura de resultados em termos de racionalidade, eficácia, eficiência, pertinência e desempenho.

Tendo em conta o que precede, este intercâmbio científico realiza-se sob o tema da gestão geral à gestão setorial, razão pela qual o dividimos em quatro grandes áreas: a gestão geral, os diferentes tipos de gestão e o papel de cada sector.

gestão setorial, gestão estratégica e gestão operacional.

Taylor utilizou a expressão "Scientifie management", traduzida como a organização científica do trabalho, e as suas ideias sobre a administração do trabalho podem ser encontradas em Schap management public nos EUA em 1902 e principales of scientif management, Paris 1911.

I.1. GESTÃO GERAL

A gestão geral é uma forma purista de gestão, própria das empresas e do sector privado. Isto é tão verdadeiro que não podemos duvidar que a gestão como ciência tenha visto a luz do dia nos negócios e na indústria. A sede principal da gestão científica é a empresa. É por esta razão que esta primeira secção se propõe descrever as componentes da gestão geral.

1.1. Aspectos de definição[2]

O maior exercício intelectual que qualquer investigador pode efetuar é definir conceitos, de modo a eliminar certas ambiguidades. De facto, Oscar NSAMAN-O-LUTU e Gode ANSHWEL OKEL MUTUNGI argumentaram que tentar definir gestão é como pedir a um cego que toque no elefante e o descreva. Para eles, é perfeitamente lógico que cada cego defina o elefante de acordo com a parte que tocou.

Estes dois investigadores compararam simplesmente a gestão ao elefante e os diferentes autores ao cego. Isto para dizer que a gestão é multidisciplinar e multidimensional. Cada autor tende a concentrar-se no seu sector preferido para iluminar o conceito de "gestão".

Depois de estudar várias definições de gestão, selecionámos nove aspectos para produzir uma definição muito coerente com a qual os investigadores de gestão podem concordar. Estes conceitos são os fundamentos da gestão.

A gestão é uma arte, uma ciência e uma filosofia baseada na racionalidade, eficiência, eficácia, desempenho e relevância (REEEPP). Se utilizarmos uma linguagem gráfica, poderíamos dizer :

Gode ANSHEL OKEL MUTINGI: Seminário sobre a gestão de proximidade 2020 - 2022, Edição UNIC.

Figura 1: Aspectos de definição da gestão

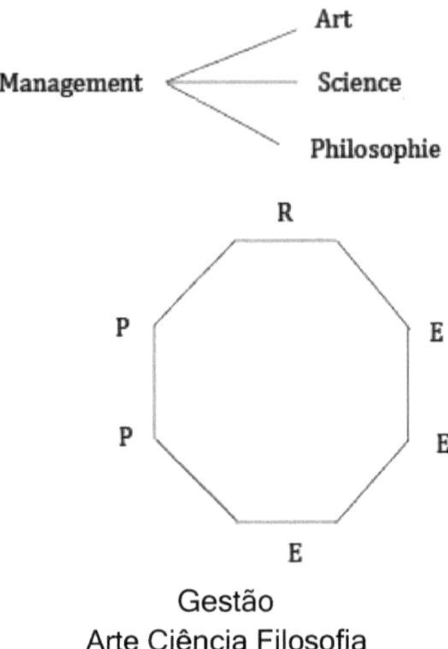

Gestão
Arte Ciência Filosofia

A "arte" da gestão significa que remete para o que é inato, que deriva de capacidades intelectuais inatas, de talentos individuais inatos: é uma forma empírica de gestão que se pratica sem dar conta disso. Sylviane Friz faz remontar a prática da gestão à pré-história. O que equivale a dizer que a gestão não é uma "ciência". A prática da "arte da gestão" é muito antiga. [3]Ciência da gestão e filosofia da gestão" .

O objeto da "ciência" da gestão ou da gestão geral é o estudo da empresa. Este tipo de gestão teve origem no mundo dos negócios. O exemplo mais marcante é o fordismo. As ideias de Taylor tiveram um sucesso internacional considerável, desde André Citroc'n até Lenine. O seu seguidor mais famoso foi o americano Henry Ford, cujo objetivo era aumentar drasticamente a produtividade das suas fábricas de automóveis, a fim de produzir trabalhadores de classe média. A "gestão científica" tem dois métodos de análise dos factos ou dos fenómenos de gestão em voga: a sistémica e a estratégica, pela simples razão de que a empresa é considerada um sistema e a gestão é também considerada uma estratégia. Para uma análise completa do facto ou do fenómeno de gestão, a gestão geral recorre a técnicas vivas (entrevistas, grupos de reflexão, observação, inquéritos) e a técnicas documentais não vivas, como a fotografia social.

A gestão filosófica é uma ideologia baseada na promoção de valores morais e éticos, numa cultura de resultados, de sucesso e de excelência. A filosofia da gestão é indissociável da ciência e da arte da gestão. Por conseguinte, centra-se

3 O. NSAMAN - O - LUTU e G.ATSWEL - OKEL MUTUNGI, comprendre de management, culture, principe, outils et contingence, Kinshasa, ed. CAPM 2007.

na promoção de uma cultura de gestão.
Os seis conceitos ou fundamentos da gestão (REEEPP) podem ser explicados da seguinte forma: a racionalidade, que se baseia na razão e é objetiva. Para comer, permite-nos distinguir o útil do agradável. Acreditamos que nos permite transformar a árvore de problemas num conjunto de prioridades (árvore de prioridades), sinal de inteligência e civilização.
A eficácia é a realização de objectivos fixos, a eficiência é também a realização de objectivos, mas em tempo recorde e a custos mais baixos. Significa minimizar os custos e otimizar o tempo como um bem irrecuperável. A eficácia é a realização de objectivos fixos na sua totalidade ou no seu conjunto. O desempenho é o melhor-melhor ou o melhor-mais. Por fim, a pertinência é a utilidade, a importância de cada ação, de cada atividade a realizar pelo gestor, sendo a ação útil aquela que traz os resultados que conduzem ao realismo.
Para um gestor, a prática da gestão baseia-se na trilogia "OSR", que significa objectivos-estratégia-resultados, apresentada da seguinte forma

Figura I.2: Trilogia OSR

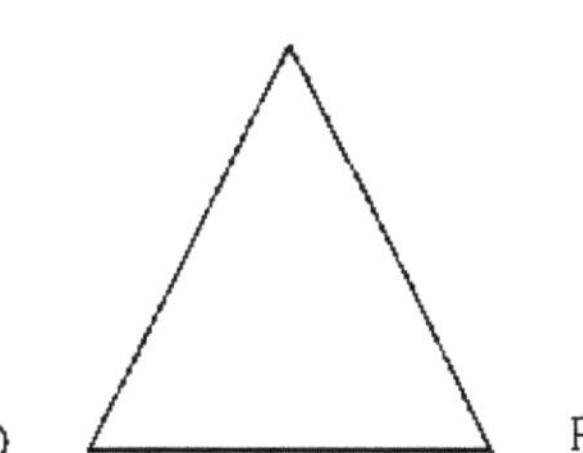

Comentário:
O primeiro passo em qualquer atividade de gestão é a definição de objectivos.
Em seguida, devem ser implementadas estratégias para obter resultados.
Em gestão, o que conta são os resultados que expressam a realização dos objectivos.

1.2.Cultura de gestão

Depois de desvendar os nove aspectos definidores da gestão, com três componentes que constituem a base da sua prática, exploramos a cultura de gestão, que é considerada como o sangue do corpo humano. [4]É através dela que reconhecemos os gestores .
Um intelectual é reconhecido pelo facto de ler, e os gestores também têm sinais de gestão que são disseminados pela cultura de gestão.
De facto, a cultura de gestão é constituída pelos indicadores que se seguem e que orientam o comportamento dos gestores.

---

4 S. FRITZ, Moi et le management, etre acteur de son propre developpement, Bruxelas Ed de Broeck, 1998. A DAYAN et al, ap cut p48.

Figura 3: Indicador de cultura de gestão

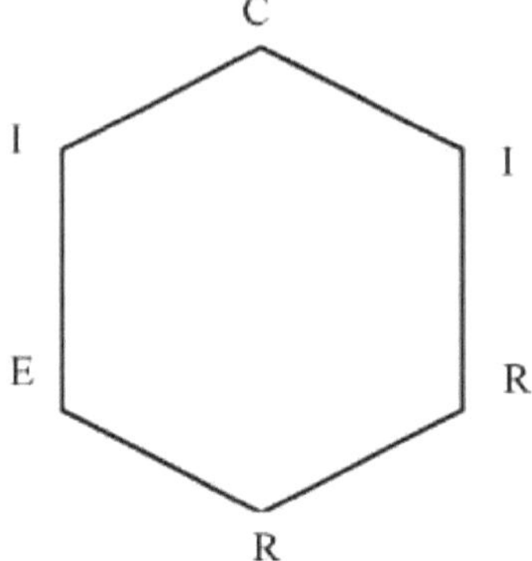

Comentário: a cultura de gestão baseia-se na criatividade (C), na inovação (I), no espírito empresarial (E), na assunção de riscos calculados (R), nos resultados (R) e na iniciativa empresarial.

Oscar NSAMAN - O - LUTU Oscar e Gode Atswel - Okel MUTUNGI distinguiram dois tipos de cultura de gestão: masculina e feminina. A primeira, de origem anglo-saxónica, baseia-se na adaptação às condições de trabalho, na agressividade para obter resultados, numa apetência excessiva pelo risco e na capacidade de agir rapidamente para atingir os objectivos, e no trabalho árduo combinado com o conflito.

Por outro lado, a segunda, de origem latino-romana, centra-se na procura de boas condições de trabalho, na paz social e na prevenção de conflitos.

É de notar que, na prática, o comportamento masculino ou feminino frequentemente adotado pelos gestores depende do contexto ou da situação.

1.3.Princípios universais e instrumentos de ação

Para serem considerados como tal, para além do objeto de estudo, os métodos e técnicas de análise devem ter princípios universais de gestão, que simbolizamos cientificamente como "PROCOCOCODI", ou seja, prever/planear; organizar; coordenar, comandar, controlar, dirigir.

De facto, os cinco primeiros princípios (PROCOCOCO) são chamados infinitivos por Henry Fayol, o autor, enquanto o sexto princípio (DI) é obra de Peter Aniker, advogado, gestor e pai fundador da gestão por objectivos (DPO).

Prever ou planear significa olhar para o futuro e elaborar um programa de ação. Organizar é estabelecer os dois organismos da empresa, o material e o social, e criar estruturas de autoridade; comandar é fazer funcionar, fazer obedecer. Controlar significa garantir que tudo é feito de acordo com as regras estabelecidas e as ordens dadas. Liderar é dar ordens. Liderar é tomar decisões e torná-las operacionais.

Não obstante os princípios universais acima referidos, se o gestor não utilizar as ferramentas abaixo indicadas como meio de ação, será difícil atingir os objectivos fixados.

Estas ferramentas são o marketing, a informática, as NTIC, a contabilidade, a estatística, certas ciências afins e, sobretudo, as grandes teorias da gestão, como a clássica, a neo-clássica e a das relações humanas, sem esquecer o conflitualismo e o processo de decisão.

1.4.Sectores de atividade

A gestão geral, ou gestão como ciência, nasceu numa empresa e, por conseguinte, cobiça os "efeitos" da empresa. Estes efeitos da empresa dizem respeito aos recursos humanos, financeiros e técnicos, que são geridos pondo em evidência o recurso tempo.

Por outras palavras, áreas como a gestão dos recursos humanos, a gestão financeira (gestão financeira e contabilística) e a gestão logística são componentes que contribuem para o desempenho das vendas das empresas.

2. GESTÃO DO SECTOR

É um nobre dever assinalar que a gestão geral ou a gestão científica, que só era operacional numa empresa, viu agora a luz do dia numa organização. O esforço efectuado é simplesmente de tropicalização ou de domesticação.

Desta forma, o gestor já não é apenas o Joker da empresa, o fornecedor dos resultados ou das soluções da empresa, o médico da empresa mas de qualquer outra organização.

A transferência da gestão da empresa para a organização é aqui explorada.

Mais precisamente, o objeto de estudo da gestão foi alargado. Atualmente, os especialistas em gestão afirmam que, de acordo com a visão minimalista, o objeto de estudo da gestão é a empresa, enquanto que, de acordo com a visão maximalista, o objeto de estudo da gestão é a organização.

Os métodos e as técnicas de análise dependem, portanto, do domínio ou do sector procurado ou exposto pela direção.

2.1.Tipologia de gestão

Os tipos de gestão que aqui descrevemos exprimem claramente a multidimensionalidade da gestão. Trata-se simplesmente de aplicar as componentes da gestão geral aos diferentes sectores organizacionais da vida humana em sociedade. É uma questão de adaptabilidade ou de domesticação pura e simples.

Para ser mais preciso, a gestão setorial pode ser entendida através do diagrama abaixo.

Figura 4: Tipos de gestão

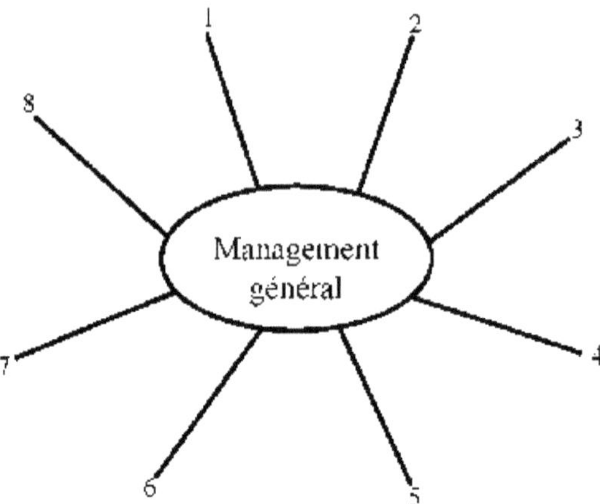

No círculo ao centro está a gestão geral, ou seja, os seus componentes. Estes componentes universais são transpostos para os sectores X, Y e Z, onde são domesticados/contextualizados para produzirem os mesmos efeitos que a empresa. [5]Por outras palavras, cada sector precisa dos componentes da gestão geral para atingir os seus objectivos em termos de racionalidade, eficácia, eficiência, desempenho e relevância.

Para esclarecer os nossos leitores, apresentamos sucintamente uma amostra da gestão do sector com base nos critérios de referência mencionados abaixo.

Deste ponto de vista, pode ser feita uma distinção entre :

- Gestão pública
- Gestão pública territorial
- Gestão política
- Gestão privada

Consoante o sector, distinguimos entre :

- Gestão económica
- Gestão da saúde pública
- Gestão do desenvolvimento
- Gestão de projectos
- Gestão da igreja
- Desenvolvimento de redes e telecomunicações
- Gestão de reuniões
- Gestão de unidades de negócio
- Gestão de serviços

As estratégias organizacionais incluem :

- Gestão sistémica

[5] MA. MORSAIN, Dictionnaire du management strategique, ED Belin sup, Paris, 2000, p 5 - 8

- Gestão estratégica
- Gestão do conhecimento
- Gestão operacional ou tática
- Gestão participativa
- Gestão da incerteza
- Gestão de conflitos
- Gestão de competências
- Gestão por objectivos

Sem ignorar outros tipos de gestão no âmbito do nosso trabalho estratégico.

3. GESTÃO ESTRATÉGICA E OPERACIONAL

Segundo a OREAL, a diferença entre estes dois tipos de gestão resulta essencialmente do facto de a gestão estratégica visar a gestão a longo prazo da empresa, enquanto a gestão racional...?

Baseia-se numa lógica tripla (formulação da estratégia, execução e implementação de cada eixo estratégico), enquanto a gestão operacional se centra no curto prazo. A gestão operacional centra-se no curto prazo e preocupa-se em resolver os problemas quotidianos da empresa ou da organização. [6]No entanto, tanto uma como a outra, a noção de previsão é composta por funções-chave que constituem o seu ponto comum no sistema de planeamento.

Assim, na gestão estratégica, a previsão estende-se por um período muito longo, de cinco anos ou mais. Na gestão operacional, a noção de previsão, tal como todas as outras funções, é orientada para o curto prazo.

No entanto, esta diferenciação não significa que uma forma de gestão seja utilizada exclusivamente a par de outra. Todas elas se complementam e são utilizadas em conjunto, porque a segunda fornece o suporte técnico à primeira, na medida em que traduz o exercício da gestão estratégica em termos operacionais.

Além disso, não podemos pensar no futuro sem fazer referência ao presente. No entanto, a gestão estratégica continua a ser uma variante da gestão que suplanta a gestão operacional. Coloca a tónica na estratégia, no envolvimento de todos os membros da organização no processo de planeamento e de tomada de decisões. Preocupa-se em antecipar os acontecimentos e em adaptar a empresa ao contexto de um ambiente em mutação sob a pressão da concorrência, da tecnologia e da procura de serviços.

I.3.1. Gestão estratégica

De um modo geral, a gestão estratégica está nas mãos dos diretores de uma

---

[6] S. OREAL, Op.cit.p.55

CR. KICHMAN e M.A. SILVA, Testez-vous - memes votre entreprise, Paris, ed. Nouveau Horizon 1998. P.28.

empresa, enquanto a gestão operacional é a fase de execução da estratégia reservada aos quadros intermédios, sejam eles gestores de marketing, gestores de vendas, etc.

1. Definição

Para I. ANSOFF, que cunhou o termo em 1973, e alguns teóricos, a gestão estratégica é um paradigma, ou seja, uma abordagem científica específica do objeto estratégico de uma empresa.

Outros, pelo contrário, consideram que se trata simplesmente de uma designação redundante, uma vez que seria óbvio que a gestão tinha um carácter estratégico.

Segundo G. KOEING, a gestão estratégica é uma abordagem cujo objetivo é assegurar a competência, a segurança e a legitimidade de uma organização ou de um sistema de ação colectiva.

H. MITZBERG, por seu lado, define a gestão estratégica como um método que visa e se preocupa com a implementação de intenções.

O Sr. MARCHESNAY considera que a gestão é uma disciplina e um processo que compreende cinco fases de desenvolvimento industrial, nomeadamente :

- Diagnóstico;
- Tomada de decisões estratégicas;
- Formulação estratégica ;
- Implementação estratégica
- Controlo e monitorização.

A. MARTINET define a gestão estratégica como uma disciplina, um paradigma, uma teoria e um processo que compreende cinco etapas no desenvolvimento de uma organização, nomeadamente :

- Diagnóstico estratégico ;
- Formulação estratégica ;
- Plano de ação estratégico ;
- Implementação estratégica ;
- Orientação estratégica ou evolução da ação pública.

3.2. FUNDAMENTOS DA GESTÃO ESTRATÉGICA

A gestão estratégica, enquanto método de direção de uma empresa, é essencialmente composta por vários aspectos.

3.2.1 Aspectos filosóficos

A gestão estratégica é uma forma de pensar e de agir que nos liberta das estruturas existentes para evitar uma visão conformista e rotineira dos actores e para discernir as vias de desenvolvimento mais prováveis.

3.2.2 Aspeto operacional (Processo)

A gestão estratégica baseia-se num processo designado por planeamento estratégico. [7]O planeamento estratégico é um processo contínuo através do qual a empresa determina e avalia a priori as acções e decisões necessárias para atingir um determinado objetivo.

3.2.3 Aspectos éticos

Nos aspectos éticos, estes diferentes elementos serão desenvolvidos sucessivamente, em especial a cultura empresarial, a liderança, a gestão por objectivos (DPO), a motivação e a mudança organizacional.

I.4. GESTÃO OPERACIONAL

1. Definições

A gestão operacional está em consonância com a gestão estratégica, cuja visão é de médio e longo prazo. O objetivo é implementar acções que fazem parte da gestão quotidiana da empresa e que são coerentes com a sua política global. Honestamente, as decisões operacionais têm um impacto rápido na atividade da empresa, mas são reversíveis. Por exemplo, uma alteração do horário, uma reparação do sistema operativo, etc.

Estas acções são limitadas e dizem respeito apenas a alguns trabalhadores: não têm qualquer impacto no funcionamento geral da empresa. Enquanto a direção é responsável pela gestão estratégica, a gestão operacional é efectuada no dia a dia pelos gestores ou quadros médios dos diferentes serviços.

A gestão operacional diz respeito ao funcionamento quotidiano de uma empresa. Envolve todas as técnicas centradas na organização das actividades quotidianas, com objectivos definidos a curto e médio prazo.

A gestão operacional é constituída pelas decisões tomadas pelas chefias intermédias (chefes de departamento, encarregados, etc.) relativamente ao funcionamento quotidiano da empresa.

Estas decisões dizem respeito ao curto ou médio prazo e destinam-se a otimizar os recursos para atingir objectivos fixos.

Exemplos de decisões operacionais.

- Criação de campanhas promocionais
- Recrutamento de trabalhadores ;
- Preços.

A gestão operacional abrange todas as decisões tomadas pelos gestores para o funcionamento quotidiano de uma empresa, departamento ou loja. Trata-se de decisões a curto ou mesmo a médio prazo. A gestão operacional põe em prática a política estratégica definida pela gestão estratégica, que tem uma visão a longo prazo.

---

[7] G. KOEING, op. cit.
H. MINTZBERG, op. cit. p.122
A. MARCHESNAY, op.cit

Em função dos objectivos estratégicos da empresa, é necessário :

- Definição de objectivos a curto e médio prazo;
- Identificar as competências necessárias para atingir os objectivos e as que já estão presentes nas equipas;
- Definir os projectos que se inserem no âmbito da gestão operacional.

2. Implementação da gestão operacional

Uma vez definido o projeto, o gestor operacional é responsável por :

- Comunicar o projeto a toda a equipa;
- Apoiar a execução do plano através de marcos intermédios, de acções de motivação da equipa e da resolução das dificuldades que possam surgir;
- Criar todas as ferramentas e recursos para que as equipas possam trabalhar bem.

Isto pode implicar equipamento específico ou ferramentas de colaboração para a partilha de informações.

3. Recursos de gestão operacional

Para chegar ao seu destino, os gestores operacionais devem, por conseguinte, ter acesso a todas as informações necessárias para compreender plenamente a estratégia. Isto permitir-lhes-á adaptar os instrumentos de gestão da melhor forma possível, em função das grandes linhas e das decisões tomadas.

Os gestores operacionais têm uma equipa à sua disposição. Para gerir a sua equipa, tem de ser capaz de a manter motivada, explicando-lhe a estratégia e os desvios que observa. Ele poderá confiar na sua equipa e geri-la para encontrar as soluções necessárias para atingir os objectivos fixados.

O gestor operacional deve ter toda a autonomia necessária para efetuar mudanças. Caso contrário, se a estratégia for demasiado rígida, pode ser difícil adaptar-se e, em última análise, satisfazer as decisões necessárias para garantir a eficácia operacional.

Esta é frequentemente a crítica que os gestores operacionais fazem à gestão dos recursos humanos. Muitas vezes, estes não têm autonomia e não podem tomar decisões para se adaptarem aos objectivos operacionais.

O que é um erro trágico, porque a gestão estratégica tem de o deixar no comando. O gestor operacional estratégico tem de o deixar no comando. O gestor operacional deve, portanto, ter a confiança do seu superior hierárquico. Caso contrário, enquanto gestor operacional, não poderá criar todo o valor pelo qual é pago.

Esta pessoa está envolvida na gestão local. Está no centro das interações entre equipas, fornecedores e outros serviços. Porque só assegurando a coerência global é que ele pode adaptar a estratégia às realidades no terreno.

O gestor operacional não é, portanto, um mero executor. Pelo contrário, a função do gestor operacional consiste em garantir o enquadramento operacional. O gestor operacional assegura igualmente a boa aplicação da estratégia num contexto em que a adaptação é essencial.

4. Criar valor na gestão operacional

Gestão operacional, porque adapta a estratégia à situação no terreno.

Criar um valor significativo :

Asseguram o bom funcionamento da empresa no dia a dia, oferecendo aos clientes os melhores produtos e serviços possíveis. Asseguram a melhoria contínua da satisfação dos clientes, adaptando-se às suas necessidades e expectativas;

O gestor operacional, porque pode estar em contacto com os fornecedores para garantir que os produtos ou serviços estão disponíveis. Desta forma, garante a fluidez do aprovisionamento e assegura a coerência das existências;

O gestor operacional é, por conseguinte, um elo essencial para garantir a viabilidade operacional.

O seu papel é também o de transmitir informações, tais como problemas encontrados ou necessidades inevitáveis.

Por conseguinte, comunica com os serviços centrais e com a direção. Isto permite-lhes fazer avançar as coisas de modo a que os produtos, serviços, comunicações e orçamentos estejam alinhados com os seus problemas e necessidades;

O gestor operacional garante que as equipas estão totalmente motivadas e envolvidas. Isto deve-se aos vários problemas, às muitas mudanças e à perda de compreensão do que fazem. Ao garantir que dão sentido e autonomia, apesar do desfasamento entre a estratégia e o terreno, ajudam a desenvolver competências e a manter um elevado nível de empenho das suas equipas. Assim, podem criar plenamente valor.

CAPÍTULO II. O CONCEITO DE CRIATIVIDADE

11.1. CONCEITO TEÓRICO[10]

Desde o início dos tempos, a noção de criação é um fator-chave para o desenvolvimento e a criação de riqueza para combater a pobreza em todo o mundo, com ênfase na criação de empresas.

O termo "empresa" é muito utilizado atualmente, sobretudo no mundo dos negócios. É também utilizado para descrever muitas profissões diferentes, incluindo a agricultura, a indústria, o sector privado e o sector público. Qual é a origem deste nome de marca para as empresas?

Em primeiro lugar, por definição, uma empresa é uma unidade económica autónoma que produz bens e serviços através de vendas e distribui rendimentos. Além disso, o nosso mundo contemporâneo é dominado por actividades de natureza comercial.

Os governos apoiam as iniciativas do sector privado para criar empregos e autoemprego, especialmente no importante domínio da gestão.

Na prática, cada cidadão é chamado a tornar-se o seu próprio empregador. [e]Para os estudantes, em particular, que terminam o seu 3º ciclo nos próximos dias, a solução para o futuro passa pela criação do seu próprio emprego.

Estes são apenas alguns dos factores que explicam por que razão a empresa se tornou um verdadeiro motivo de interesse e atração.

É claro que não é possível abranger todo o tema da comunicação simples.

11.2. O CONCEITO DE EMPRESA, O EMPRESÁRIO, O ESPÍRITO EMPRESARIAL E O ESPÍRITO EMPREENDEDOR

O termo "empresa" é utilizado com muita frequência no mundo dos negócios, sem que seja possível chegar a um acordo sobre uma definição única, mas atualmente parece ser extremamente importante chegar a um acordo sobre o conteúdo a dar ao conceito de empresa a nível nacional, regional e internacional, sendo difícil resolver certas questões como a fiscalidade ou o modo geral de promover o desenvolvimento da empresa.

O Instituto Nacional de Estatística e Economia (INSEE) define uma empresa como uma entidade económica juridicamente autónoma organizada para produzir bens ou serviços para o mercado.

Na prática, as empresas são de todas as formas e dimensões, com diferentes formas jurídicas e pertencentes a diferentes sectores profissionais.

De acordo com FRANCOIS PERROUX, uma empresa é uma forma de produção em que, dentro de um único ativo, os preços dos vários factores de

---

[10] FAYOL Alain, o espírito empresarial, aprender a empreender 2ª edição, Dunold, Paris, 2007
APCE (Agence pour la creation d'entreprendre) creer ou entreprendre une entreprise, 13ª edição, Paris 2000.

produção contribuídos por agentes que não o proprietário da empresa são combinados para vender bens ou serviços no mercado e obter um rendimento monetário resultante da diferença entre duas séries de preços.
De acordo com TO - MORROWIS BUSINESS, em Nova Iorque, uma empresa é uma organização de indivíduos com diferentes capacidades que utilizam capital e talento para produzir algum bem.
De acordo com STEPHANIE BALLANDE e Anne Marie BOUVIER (2019), a empresa é uma entidade multidimensional: económica e social, que pode ser vendida por mais do que custa.
Quanto à LANZEL no plano de contas, é uma hierarquia que utiliza recursos intelectuais, físicos e financeiros para extrair e transformar informação, de acordo com objectivos definidos, por uma Gestão Pessoal e Colegial, envolvendo, em diferentes graus, motivações de lucro e de uso social.
A CAMION, no seu tratado sobre a empresa privada, considera que uma empresa é "um organismo financeiramente independente cujo objetivo é produzir determinados bens ou serviços para o mercado".
Por outro lado, M le BRETON (Economista de Empresas) prefere o termo organização em vez de organismo porque defende que a empresa é "qualquer forma de organização económica, financeiramente autónoma, que se propõe produzir um bem ou um serviço para o mercado".
Para dar um conteúdo preciso a esta noção, utilizamos a definição dada pelo léxico económico. Le vocabulaire et les mecanismes de l'economie" publicado por Cyril GOUANGOUNGOU em 2020.
Uma empresa é qualquer pessoa singular ou colectiva que, para obter lucros, combina de forma óptima o trabalho e o capital para produzir um produto destinado a satisfazer uma procura solvente expressa num mercado.
Por último, é também importante não só citar os seus autores e investigadores, mas também identificar certas caraterísticas da empresa enquanto organização económica que são essencialmente comuns a todas as empresas.

11.2.1 Caraterísticas da empresa

Todas as empresas só podem ser :

1. Uma organização, ou seja, uma empresa, é uma organização estável e duradoura, dotada de uma determinada estrutura para realizar uma série de operações.

Não é necessário criar um ato isolado, uma vez que o negócio envolve uma série de operações que são normalmente repetidas.

Um ator económico :

- É uma unidade de produção que transforma factores de produção em produtos e serviços,

- Contribui para a formação do produto interno bruto (PIB) ao gerar valor acrescentado (VA);
- É também uma unidade de despesa que consome e investe para assegurar a produção;
- É uma unidade de distribuição e partilha da riqueza;
- Devido à sua natureza comercial, está sujeita a condicionalismos de eficácia (cumprimento de objectivos fixos) e de eficiência (cumprimento dos objectivos com otimização dos recursos).

2. Realidade humana

- A empresa é também definida como uma comunidade, um grupo humano, empregados que contribuem para a realização de objectivos estratégicos comuns;
- Os indivíduos devem trabalhar em conjunto para atingir os seus objectivos;
- Os interesses da empresa e os interesses do indivíduo devem convergir.

3. Realidade social

- A empresa cria empregos, rendimentos e produtos, mas também inovação e progresso tecnológico;
- A empresa actua sobre o seu ambiente, tendo a sua atividade repercussões sobre a dos outros agentes económicos;
- As empresas tomam certas medidas espontaneamente ou sob pressão do ambiente.

4. Financiamento autónomo: isto significa que, em teoria, uma empresa que organiza o seu financiamento inicial como bem entende não constitui uma empresa, uma vez que não se financia autonomamente, mas apenas um estabelecimento. No entanto, é de notar que a autonomia financeira da empresa pode ser limitada em certos casos, se esta fizer parte de um trust, cartel, acordo, etc.

5. Trabalhar **para o mercado:** por outras palavras, trabalhar para encontrar e satisfazer os clientes (gestão da satisfação). É a este nível que surge a noção de risco empresarial, em que o empresário é aquele que empreende, cuja ação económica está sujeita a certas incertezas porque é um agente económico que assume riscos técnicos e comerciais.

6. Produz bens ou serviços: ou seja, pode produzir bens de consumo que serão destruídos na primeira utilização ou bens de produção que são duradouros e podem ser utilizados num novo ciclo de produção. Exemplos: bancos, companhias de seguros, etc.

SCHUMPETER, um economista americano, e GASTON PETER apresentaram duas caraterísticas principais de uma empresa moderna:

PETER SCHUMP sublinhou o carácter dinâmico da empresa, defendendo que a

função essencial da empresa é relançar e manter a expansão económica através da inovação e de novas combinações. É de notar que a empresa, desde a sua conceção até ao fabrico e comercialização de um novo produto, deve ser sempre objeto de mudanças.
A introdução de um novo método de produção, de organização ou de distribuição (linha de montagem ou produção em série, pré-fabricação no sector da construção, etc.).
A abertura de uma nova oportunidade económica, no caso da venda de instalações destinadas ao comércio. A conquista de uma nova matéria-prima ou de uma nova fonte de energia, por exemplo, a descoberta e a extração de gás ou de petróleo.
Por outro lado, Gaston PETER, no carácter prospetivo da empresa, insiste em que o seu sucesso duradouro depende da exatidão das suas previsões a curto e a longo prazo, ou seja, no sentido mais lato, da exatidão das suas antecipações.
Para o conseguir, a empresa deve identificar as necessidades futuras e preparar-se para as satisfazer, o que exige uma alteração clara da estrutura e dos métodos da empresa. De facto, a importância crescente da investigação, o estudo científico dos mercados (serviços comerciais), o desenvolvimento de métodos de gestão orientados para o futuro e, finalmente, o desenvolvimento de um programa de formação, informação e reciclagem do pessoal a todos os níveis.
A empresa moderna deve, portanto, ser progressiva, perseguindo objectivos muito específicos.

11.2.2. Funções da empresa

Para criar uma empresa como coordenador dos factores de produção, o empresário deve :

- Procurar obter o capital necessário;
- Escolha do local, das instalações e do equipamento;
- Recrutamento e formação da mão de obra ;
- Organização da produção e das vendas.

Além disso, o contratante deve ter em conta, nomeadamente, as seguintes acções

- Atração
- Conversão
- Produção
- Entrega

Para tal, é necessário distinguir os papéis da empresa face aos seus clientes, aos seus agentes e aos seus proprietários.

11.2.3O papel da empresa em relação - aos clientes

A empresa não é um centro de produção interna e de trocas com o exterior. [11]É por isso que a empresa está normalmente virada para o exterior, para os clientes de que necessita, sob pena de desaparecer.

O verdadeiro objetivo da empresa moderna não é multiplicar ad infinitum os bens de consumo e satisfazer necessidades muitas vezes artificialmente criadas pela publicidade ou pelo marketing externos, mas assegurar o desenvolvimento harmonioso de uma economia orientada para a satisfação prioritária das necessidades reconhecidas como as mais úteis do ponto de vista humano e social.

11.2.4O papel da empresa em relação - aos seus trabalhadores

A empresa oferece uma atividade útil, designada por função social da empresa (RSE), a todos os intervenientes no seu funcionamento.

Ao mesmo tempo, deve proporcionar-lhes uma situação social adaptada às suas capacidades. Neste caso :

- Os meios técnicos necessários e a organização geral da empresa para que o pessoal possa obter os melhores resultados industriais e comerciais;
- Um ambiente de trabalho, uma atmosfera onde o pessoal gosta de trabalhar, viver e prosperar;
- Por conseguinte, deve ser considerado tanto do ponto de vista material como psicológico;
- Um salário decente com poder de compra;
- Uma certa segurança de emprego. Não se trata de manter sistematicamente um determinado posto de trabalho, mas de transferir a população ativa, com o necessário progresso económico, de uma atividade para outra dentro da empresa.

11.2.5Papel da empresa em relação aos proprietários da empresa

Por proprietário, entendemos o operador, no caso de uma empresa em nome individual, o acionista, no caso de uma sociedade anónima, e o Estado, no caso de um lucro global. Por outras palavras, a empresa deve ter lucro, o que é tão necessário num sistema coletivista como num sistema capitalista.

Garantir que a empresa não caia nas mãos da comunidade. Assim, uma empresa deficitária ou falida acarreta perdas e sofrimento para o seu pessoal não remunerado e, quando se trata de uma empresa importante que não pode desaparecer, cabe à comunidade no seu conjunto tornar possível o financiamento da empresa, a chamada acumulação, no sistema coletivista;

Caso contrário, o autofinanciamento e a expansão das empresas terão de ser conseguidos através de poupanças privadas ou públicas, recorrendo a bancos

[11] BIZARGUET. A, le secteur public et la privatisation, Paris, PUF, 1980, p52

públicos ou privados.

11.2.6Papel relativamente à economia geral do país em que se situa

[12]Quando a importância de uma empresa e o volume das suas operações são tais que a vida do país depende dela, os gestores dessa empresa não podem ignorar a sua responsabilidade para com o país no seu conjunto, porque as suas decisões podem ter um impacto considerável .

No fim de contas, uma empresa tem um duplo papel a desempenhar: **por** um lado, **dá** um **contributo económico**, ou seja, coloca um produto, um bem ou um serviço à disposição do público; por outro lado, **dá um contributo social**, na medida em que uma economia deve ser estabelecida em benefício da humanidade. Cada empresa é uma comunidade de trabalho em que as pessoas, a todos os níveis, trabalham em conjunto, conscientes da sua solidariedade e preocupadas com os interesses da coletividade.

Assim, uma empresa deve ser simultaneamente um meio de enriquecimento individual para aqueles que contribuem com o seu trabalho ou capital, e um meio de enriquecimento coletivo para aqueles que a criaram e para os beneficiários dos seus produtos e serviços.

II.2.6.1. Sectores de atividade

[13]Recordemos que o objetivo **essencial** de uma empresa não é ser uma simples unidade económica cujo único objetivo é produzir e vender bens e serviços para obter um rendimento monetário, o lucro .

É, evidentemente, o local onde as pessoas passam praticamente metade da sua vida profissional, sendo a outra metade dedicada à vida familiar e às actividades de lazer. Cada empresa deve, pois, estar ao serviço do homem, seu criador e seu motor. Deve, por conseguinte, criar riqueza em termos de dinheiro, de cultura e de moral.

Estes sectores permitem às empresas desenvolver uma riqueza classificada como :

1. **Riqueza material**

Esta riqueza, uma vez criada, terá de beneficiar :

- Os acionistas que investiram, porque os lucros gerados terão de ser distribuídos aos acionistas na proporção da sua participação e também com o risco de reconhecer legitimamente esta unidade de produção aos olhos dos investidores de capital.
- Os trabalhadores que trabalharam porque a qualidade do produto e o volume do lucro são diretamente proporcionais à qualidade dos recursos humanos e do

---

[12] AURELIEN et AL, theorie economique, introduction aux theories de l'etat, Paris, ed. PUF, 2012, p156.
BERNOUX, P. La sociologie des organisations, Paris du seuil, 2006, p 32 - 38.
[13] BRUNS e STACKER, The Management of Innovation, Oxford, ed. OUP. Oxford. SD

trabalho prestado. É justo que o pessoal que forneceu o trabalho participe nos lucros gerados. Esta riqueza pode também beneficiar os trabalhadores sob a forma de remuneração, melhorando as condições de trabalho e de vida ou garantindo uma maior segurança de existência;

- Clientes que compraram porque o aumento da riqueza da empresa é função da sua clientela, nomeadamente da maior qualidade dos bens e serviços vendidos em relação às múltiplas necessidades expressas pelos consumidores;
- Os fornecedores que venderam matérias-primas para a produção ou serviços externos necessários à gestão da empresa ou ao bem-estar do pessoal são, evidentemente, o meio pelo qual os fornecedores enriquecem,
- Comunidade nacional que cobra impostos e outras contribuições sociais.
- Através da taxa, o Estado, sob qualquer forma, participa num esforço de solidariedade nacional com vista à construção de infra-estruturas necessárias a todos, à implementação de meios úteis e necessários ao enriquecimento e à salvaguarda da comunidade e, em última análise, à ajuda aos mais desfavorecidos e à segurança da existência harmoniosa de todos na comunidade.

2. Riqueza cultural

Aqui, a empresa, sendo o local onde, como já dissemos, se reúnem homens e mulheres que nela vivem oito horas por dia, de acordo com o atual padrão de trabalho, merece ser descrita como o ninho de funções para as quais estes homens e mulheres dão o seu esforço e a sua vitalidade.

Deverá, por conseguinte, permitir o desenvolvimento pleno e harmonioso de toda a personalidade intelectual, ajudando cada indivíduo, em todas as circunstâncias, a formar juízos sólidos e a desenvolver um espírito crítico.

Enquanto mosaico cultural, a empresa deve encarar de forma positiva qualquer inovação técnica que tenha repercussões em toda a cultura das pessoas que a habitam, convivem com ela e dela dependem, porque, por vezes, quem utiliza as suas técnicas ou os seus produtos beneficia da riqueza cultural que gera.

3. Riqueza social

É durante toda a existência da empresa que homens e mulheres se encontram, trabalham, competem na empresa, são confrontados todos os dias com questões de justiça, igualdade, honestidade. Tudo isto na escuridão e tensão diárias do trabalho ativo. Têm de se descontrair: e fazer um esforço para se compreenderem uns aos outros.

Se sabem resolver esses conflitos latentes por si próprios ou com a ajuda dos responsáveis. Em última análise, a empresa é capaz de criar um elevado nível de riqueza moral, porque é ativa e posta à prova todos os dias.

II.2.6.2. Tipologia das empresas

Esta tipologia é estabelecida com base em determinados elementos, incluindo o objeto da atividade, os objectivos prosseguidos, as formas e as dimensões.

Em função do objeto da atividade, distinguem-se as actividades agrícolas, industriais, comerciais e de serviços, como os transportes, a banca, os seguros, a hotelaria, o turismo, a restauração e as actividades de diversão ou de lazer;

Em função dos objectivos prosseguidos, é necessário distinguir entre as empresas "rebitadas", preocupadas sobretudo com a obtenção de lucros, e as empresas públicas, em que a motivação do lucro não é sistematicamente comprovada e em que o que importa acima de tudo é a gestão de um serviço público de interesse geral;

Em função das formas jurídicas assumidas pelas sociedades, seria preferível falar aqui de uma variedade e de uma diversidade que trata das sociedades: em sociedades comerciais (sociedades de pessoas, sociedades em nome coletivo, sociedades em comandita simples e sociedades anónimas), em sociedades anónimas (sociedades em comandita por acções, sociedades cooperativas, sociedades nacionalizadas, sociedades de economia mista);

Em função da dimensão da empresa, distinguimos entre pequenas empresas, a que chamamos pequenos artesãos ou comerciantes, em que o empresário, ao mesmo tempo que gere a sua empresa, participa ativamente na execução do trabalho; neste caso, falamos de artesão e de pequeno comerciante; as médias empresas, em que o controlo da obra é frequentemente assumido pelo próprio empresário, com um quadro de pessoal de, pelo menos, 50 pessoas; e, por último, as grandes empresas, em que o controlo é assumido por um diretor técnico, enquanto o empresário reserva para si a gestão comercial e financeira, com um quadro de pessoal de, pelo menos, 100 pessoas, e em que um conselho de administração reserva para si a gestão de topo e as decisões importantes.

II.3. FUNÇÕES EMPRESARIAIS

As diferentes funções permitem que uma empresa atinja os seus objectivos, incluindo funções administrativas, contabilísticas, financeiras, comerciais, de marketing, sociais e técnicas.

A função administrativa é utilizada para harmonizar o funcionamento dos diferentes serviços, coordenando as suas actividades e controlando-as. É o cérebro da empresa, pois permite dirigir e gerir as outras seis funções, sendo por isso da responsabilidade do Diretor Geral.

Se a função contabilística e financeira permite, por um lado, fazer previsões e procurar ou gerir recursos financeiros, o seu papel consiste em controlar as previsões e não em ser um órgão de registo de acontecimentos passados, como era o caso de um órgão estático; A contabilidade moderna tornou-se um organismo dinâmico que deve ser capaz de fornecer um grande número de informações sob a forma de estatísticas e de as transmitir rapidamente através de uma técnica contabilística adequada, ou então, quando deve ser capaz de conduzir à elaboração de orçamentos-programa, orçamentos de vendas ou orçamentos de compras,

Além disso, o departamento financeiro é responsável pela resolução dos problemas de financiamento da empresa e deve, por conseguinte, permitir-lhe obter os fundos de que necessita, quer a curto quer a longo prazo, e deve também garantir que esse capital é utilizado da forma mais rentável.

No entanto, a função comercial abrange todas as actividades de uma empresa relacionadas com as trocas comerciais. Trata-se de uma função intermediária que gere as relações com os clientes, por um lado, e com os fornecedores, por outro. Esta função cria o fluxo de produtos do qual depende o lucro. Em última análise, é vital porque é dela que depende a prosperidade.

Desta forma, a função informática reúne uma massa de informação útil que cresce de dia para dia e que é constantemente obtida a partir de dados diferentes e diversificados, dando origem a uma nova ciência chamada informática, baseada na utilização de computadores.

O marketing é a função que permite a qualquer empresa que tenha por objetivo produzir bens e serviços para o mercado e adaptar-se a ele através dos meios disponíveis que influenciam favoravelmente a empresa. A comunicação, as vendas, o mercado, o produto ou serviço e a embalagem são conceitos importantes do Marketing. O estudo das necessidades e da psicologia do consumidor e os meios de o influenciar constituem o Marketing em questão.

Por último, a função social é uma das funções que nasceu na empresa nos últimos anos ou que a FAYOL H. tinha expressamente indicado. É por isso que por vezes a vemos associada a outra função, como a função de segurança e higiene, que é um prolongamento da função de segurança pessoal que se encontra quer na função administrativa quer no prolongamento da administração do pessoal. Esta função determina os tipos de produtos a adquirir e o trabalho a efetuar, o que, por sua vez, determina as matérias-primas e os consumíveis a fornecer.

A partir destas funções, podemos classificar as empresas de várias formas, de acordo com a sua natureza jurídica, a sua dimensão e o seu domínio de atividade.

É necessário distinguir entre :

1. **Do ponto de vista da forma**

Distinguimos entre comerciantes individuais e sociedades de pessoas.

As sociedades unipessoais são aquelas em que a origem dos fundos é uma pessoa, um indivíduo, um capitalista e o único dono da empresa, detentor da iniciativa absoluta e único detentor do capital, ao passo que as sociedades são

propriedade de pessoas designadas por sócios, que contribuem com capital, são legalmente responsáveis e recebem uma remuneração variável. Note-se que uma sociedade é um contrato através do qual duas ou mais pessoas acordam em pôr em comum os seus bens ou serviços a fim de partilharem os resultados.
A tradição comercial engloba vários tipos de empresas
que são :
As sociedades de pessoas incluem os seguintes tipos de sociedades comerciais: as sociedades em nome coletivo (SNC) e as sociedades em comandita simples (SCS),
Sociedades de capitais.
Há uma particularidade: "a personalidade dos sócios ou o facto de estes terem pouco a ver com a empresa, mas são as suas contribuições que desempenham um papel nas sociedades de responsabilidade limitada (SARL) e nas sociedades cooperativas.

2. Do ponto de vista do seu sector de atividade

Distinguimos entre empresas do sector primário, que exploram um elemento natural: minas, pedreiras, pesca, agricultura, silvicultura, extração de petróleo, fornecendo bens de consumo sem depender da transformação de matérias-primas; empresas do sector secundário, que são empresas industriais que transformam matérias-primas em produtos acabados para servir os consumidores; e, finalmente, empresas do sector terciário, que colocam os seus serviços ou produtos acabados à disposição dos clientes de forma administrativa para fins comerciais.

3. Em termos de dimensão

As suas actividades são diferenciadas em função do volume de capital investido, da dimensão da empresa, do número de trabalhadores e da sua complexidade, nomeadamente: as pequenas e médias empresas (PME), que incluem as empresas modernas que empregam pelo menos cinquenta pessoas em actividades puramente familiares, as actividades industriais de aldeia e as associações que exploram microempresas em sectores não estruturados da economia, e as grandes empresas (multinacionais), que realizam e controlam operações de produção em vários países fora do seu país de origem.

4. Do ponto de vista do seu regime.

Existem três categorias de empresas: as empresas públicas, as empresas privadas e as empresas mistas ou para-estatais.
Note-se que as empresas privadas são propriedade de particulares que as criam, gerem e detêm o seu património; as empresas mistas são pessoas colectivas e detêm o seu património, cujo capital é constituído por contribuições de particulares; as empresas públicas, pelo contrário, são propriedade exclusiva do

Estado.
Relativamente a este ponto de vista, a nossa particularidade é estarmos interessados apenas nas empresas públicas da RDC cujos cinco sectores importantes são:

- O sector da energia (Societe Nationale d'Electricite, "SNEL", Regie de Distribution d'Eau "REGIDESO"). Estas empresas detêm o monopólio da produção e da distribuição de eletricidade e de água,
- O sector mineiro (Generale des Carrieres et des Mines " GECAMINES la Miniere de Bakwanga " MIBA " et les autres qui sont en situation de monopole aussi),
- O sector dos Correios e Telecomunicações (OCPT),
- O sector dos seguros e dos serviços de saúde pública,
- O sector dos transportes (o antigo Office national des transports "ONATRA", a societe commerciale des ports et des transports "SCPT", a Societe Nationale des Chemins de Fer au Congo "SNCC", o Etablissement de transport au Congo "TRANSCO", etc.).

11.4. EMPRESAS PÚBLICAS NA RDC

São muitos os pensadores, investigadores e autores que deram sentido às empresas públicas.
As definições não são de capital importância para o que estamos a tratar, no entanto, para evitar a doutrinalização e pela ausência de uma definição oficial que incite os autores à controvérsia e à tomada de posições variadas e divergentes, a noção de empresa pública e de empresa privada, permitir-nos-á distinguir e ver claramente o qualificativo "Pública" acrescentado à palavra empresa.
Isto dá origem à comparação entre eles que não saberíamos sem os colocar nos três elementos que são :

- O objetivo;
- Propriedade,
- Gestão da empresa.

Sem, no entanto, entrar nos pormenores da questão, o objetivo prosseguido pelas empresas públicas continua a ser o interesse geral, ao passo que o objetivo das empresas privadas é o lucro ou o interesse privado, porque o Estado não obtém lucro quando cria empresas públicas, como podemos ver pelos outros dois elementos.
Com efeito, uma empresa pública é uma unidade económica e jurídica à semelhança de uma empresa privada, na medida em que é uma operação coordenada com recursos humanos e materiais para assegurar a produção e distribuição de bens e serviços económicos e tem personalidade jurídica, ou seja,

está sujeita à lei, Por outro lado, as empresas públicas não estão sujeitas aos mesmos princípios económicos que as empresas privadas, porque não estão em pé de igualdade com as empresas privadas em termos de crédito, fiscalidade, tratamento do seu pessoal, do seu património e da sua responsabilidade, bem como dos objectivos prosseguidos.

As empresas privadas têm como principal objetivo o "lucro financeiro", ao passo que, no caso das empresas públicas, o objetivo é servir o interesse público.

No que respeita à propriedade, o Estado é proprietário das empresas públicas porque decide, organiza, recruta e nomeia os gestores enquanto "representantes públicos", ao passo que as empresas privadas são propriedade de terceiros que investiram o seu capital na empresa de que são os principais autores.

Quadro 1. Tipologia dos tipos jurídicos de sociedade

Tipos& caraterísticas	**Empresário em nome individual**	**Empresa pessoas**	**Sociedade responsabilidade limitada**	**Empresa capital**
Contribuintes	Empresário em nome individual	Associados	Associados	Acionistas
Elementos agrupados		Personalidades e competências dos parceiros	Personalidades e competências dos parceiros	Capital
Responsabilidade por 1. dívidas	Ilimitada sobre os bens pessoais do...	Ilimitado e solidariedade para cada parceiro	Ilimitado a contribuições	Ilimitado a contribuições
Nome das acções detidas pelos contribuintes	Não	Acções da empresa	Acções da empresa	Ação
Gestão	Empreiteiro	Gestor(es)	Gestor(es)	Conselho
				gestão

Fonte: MUKENDI MUNTU Pierre - Espoir dans le management de projet dans les entreprises et les organisations, Approche generale et perspective.

No caso de uma empresa privada, é o empresário que decide se quer gerir a sua empresa sozinho ou se a confia a um gestor que lhe presta contas, como mostra o quadro 1.

Alguns outros autores definiram as empresas e contribuíram com uma fonte de fôlego que chamamos de contribuição, segundo eles, da compreensão das empresas públicas ou privadas em termos jurídicos e outros. Mas antes de passar em revista o seu pensamento, quisemos centralizar a nossa investigação centrando a abordagem em torno da recente reforma das empresas públicas após a reforma de 7 de julho de 2008.

Section 1. Empresas públicas após a reforma de 7 de julho de 2008

A reforma das empresas públicas de 7 de julho de 2008 baseia-se principalmente na vontade do Estado de revitalizar as empresas públicas com o objetivo de as tornar eficazes e rentáveis. [14]Esta reforma levou à criação dos seguintes diplomas :

- Lei n.º 08/007, de 7 de julho de 2008, sobre as disposições gerais relativas à transformação das empresas públicas;
- [0]Lei 11 08/008, de 7 de julho de 2008, que estabelece as disposições gerais relativas à retirada do Estado das sociedades de carteira;
- [0]Lei n.º 08/009, de 07 de julho de 2008, que estabelece as disposições gerais aplicáveis aos estabelecimentos públicos;
- [oooo]A Lei n.º 08/010, de 07 de julho de 2008, que estabelece as normas relativas à organização e gestão do património do Estado, relativa às medidas de execução das referidas leis, promulgada pelos Decretos n.º 09/11, n.º 09/12, n.º 09/13, n.º 13/14 e n.º 09/15, de 24 de abril de 2009, que estabelecem as medidas jurídicas, económicas e financeiras necessárias à concretização da transformação das empresas, bem como à sua organização e funcionamento em sociedades comerciais, estabelecimentos públicos e serviços públicos, até à data da adoção ou determinação dos respectivos estatutos, são distribuídas e agrupadas de acordo com as diferentes medidas de execução, económicas e financeiras necessárias à concretização da transformação de empresas, bem como à sua organização e funcionamento em sociedades comerciais, estabelecimentos públicos e serviços públicos, até à data da aprovação ou fixação dos respectivos estatutos, encontram-se distribuídos e agrupados de acordo com as diferentes listas constantes dos quadros seguintes:

Quadro 2. Lista das empresas transformadas em sociedades comerciais

Sectores	Denominação	Código
Exploração mineira	Pedreiras e minas gerais	GECAMINES
	Empresa developpemen industrial e mineiro Congo	SODIMICO
	Gabinete das Minas de Ouro Kilomoto	OKIMO
Energético	Empresa de distribuição de água	REGIDESO
	Sociedade Nacional de Eletricidade	SNEL
	Congolaise des Hydrocarbures	COHYDRO
Industrial	Sociedade Surdergique de Maluku	SOSIDER
	Sociedade Africana de Explosivos	AFRIDEX
Transporte	Societe Nationale de Chemin d Fer	SNCC

[14] Reforma de 07 de julho relativa à transformação das empresas públicas em sociedades comerciais, estabelecimentos públicos ou serviços públicos e empresas públicas e sociedades públicas a extinguir.

	du Congo	
	Serviço Nacional de Transportes	ONATRA
	Regulamento de Voos Aéreos	RVA
	Região das Vias Marítimas	RVM
	Companhias aéreas congolesas	LAGO
	Companhia Marítima do Congo	CMDC
	Caminho de ferro das Uelles	UFC
Telecomunicações	Office Congolais des Postes e Telecomunicações	OCPT
Finanças	Caisse d'Epargne do Congo	CADECO
	Sociedade Nacional de Seguros	SONAS
Serviço	Hotel Karavia	KARAVIA

Fonte: Ministere de Portefeuille, Conseil Supërieur du Portefeuille, Rapport d'activite 2001.

Quadro 3. Lista das empresas públicas transformadas em estabelecimentos públicos

Sectores	**Denominação**	**Código**
Agricultura	Gabinete Nacional de Café	ONC
Transporte	Regime das Vias Fluviais	RVF
	Gabinete de Gestão Fre Marítimo	OGEFREM
	Cidade - Comboio	CIDADE - COMBOIO
T elecomunicações	Agência de promoção da imprensa	ACP
	Rádio Televisão Nacional Congolesa	RTNC
Financeiro	Fond de Promotion de 1 Industrie	REIT
	Caisse Nationale de Securit Social	CNSS
Construção	Escritório de Rota	OU
	Serviço de Vias e Drenagem	MOV
Serviço	Posto de Turismo Nacional	ONT
	Gabinete de Promoção das PME do Congo	OPEP
Comércio	Feira Internacional de Kinshasa	FIKIN
	Serviço Congolês de Controlo	OCC
Pesquisar	Instituto Nacional de Estatística	INS
	Instituto Nacional de Estudos e Investigação Agrícola	INERA

Conservação da natureza	Instituto Congolês para a Conservação da natureza	ICCN
	Instituto de Jardins Zoológicos e Botânicos do Congo	IJZBC
		IMNC
Formação	Instituto Nacional de Preparação Profissional	INPP

Fonte : meme source

Quadro 4. Lista das empresas públicas transformadas em serviços públicos

Sectores	**Denominação**	**Código**
Agricultura	Office National de Developpement de 1'Elevage (Serviço Nacional de Desenvolvimento da Pecuária)	ONDE
Exploração mineira	Centre d'Expertise d'Evaluation e de Certificat des Substances Minerales Precieuses et Semi - Precieuses (Centro de Peritagem, Avaliação e Certificação de Substâncias Minerais Preciosas e Semi-Preciosas)	PECO
Financeiro	Gabinete de Gestão da Informação Pública	
	Direção-Geral das Alfândegas e dos Impostos Especiais sobre o Consumo	DGDA
Serviço	Registo Nacional de Aprovisionamento e da Imprensa	RENAPI

Fonte : deja citee

Quadro 5. Lista das empresas públicas a dissolver

Sectores	Denominação	Código
Agricultura	Cacau de Sulu	CACAOCO
	Palmeira Gosuma	PALMECO
	Cotonniere do Congo	COTONGO
	Complexo de Açúcar Lotokia	CSC
	Caixa de Estabilização Cotonniere	CSCO
Serviço	Gabinete dos Bens Mal Adquiridos	OBAMA

Fonte : meme source

É de notar que esta reforma se dedicou mais às estruturas probemáticas das empresas, como salientámos nos nossos estudos, sem abordar o homem que deve implementar estas estruturas como o principal animador de todas as questões, e é por isso que, Alguns autores elaboraram estratégias para a gestão de empresas privadas e para a sua transformação em gestão de empresas públicas, nomeadamente :

- . Ludovic BERTHIER et al. consideram que a gestão pública vai buscar os seus pontos fortes e as suas estratégias à gestão privada, pelo que é preciso compreender que é às empresas privadas que a abordagem pública da gestão das empresas públicas vai buscar.

Em suma, distinguem dois tipos de empresas: as públicas e as privadas, em que as estratégias de gestão não devem ser copiadas, mas sim adaptadas e aperfeiçoadas para atingir os objectivos.

- . Outros investigadores, como André CABANIS, Pierre MULLER, Laurent RICHER e outros, cuja lista não é exaustiva, ajudam-nos a dominar o ambiente empresarial e a distinguir uma tripla tipologia de empresas: as empresas públicas em que o Estado é o único ator principal na sua criação e gestão; as empresas privadas criadas e geridas por outros actores que não o Estado, individual ou coletivamente; e, por último, as empresas para-estatais ou mistas, que são formas híbridas ou combinadas de empresas na sua criação e gestão.

Neste caso, as empresas criadas devem ser apoiadas pela inovação e pela experimentação colectiva numa abordagem de parceria público-privada que enriqueça a interação entre os actores envolvidos, tendo em conta os seus valores éticos e colectivos e recordando as suas diferentes capacidades de aproveitar as oportunidades, as suas segundas intenções, a sua cultura empresarial ou comunitária e a sua antecipação racional e futurologia.

Para melhor compreender estas noções de empresa pública, a reforma que acabámos de analisar utilizou termos como empresa pública para um grande número de empresas cujo objetivo é tornar a sua atividade comercial, retirando-lhe a missão de prossecução do interesse geral, porque devem obter lucros por conta da empresa cuja maximização dos lucros é o único comportamento que afecta os iniciadores (o Estado), Estabelecimentos públicos ou serviços públicos em sentido material são todas as empresas cuja atividade se destina a satisfazer necessidades de interesse geral e que, como tal, devem ser asseguradas ou controladas pela administração de tutela porque estão integradas nas administrações dos ministérios em causa.

Assim, já não podemos começar a entender o que chamamos de sector dos transportes como uma expressão que indica simplesmente a operação por via aérea, marítima, fluvial e rodoviária de empresas que se ocupam da mobilidade das pessoas e dos seus bens em zonas urbanas ou entre províncias ou entre

entidades administrativas regionais ou estatais (cidades de dois Estados).
No nosso trabalho, o termo sector dos transportes públicos refere-se ao sector do transporte rodoviário de pessoas e bens.
Esta clarificação permite-nos começar pelos conceitos que fazem parte dos conceitos do modelo que estamos a propor para que o Gestor se chame Gestor e Líder.

Section 2. EMPREENDEDORISMO

1. Definição

Outro termo muito utilizado neste contexto é o empreendedorismo. O empreendedorismo é definido como o processo pelo qual uma pessoa ou um grupo de pessoas dedica tempo e capital à procura de oportunidades de mercado, com o objetivo de gerar valor e fazer crescer a empresa através da inovação, independentemente dos recursos disponíveis.
[13]É o processo de lançamento de um projeto, organizando os recursos necessários e assegurando tanto os riscos como os benefícios .[15]

2. O empresário e o espírito empresarial

❖ **Definição**

Mas o que dizer do "empreendedor", um termo frequentemente utilizado na vida quotidiana e mais particularmente no mundo dos negócios?
O empresário é a pessoa que cria ou gere a empresa. Possui capacidades de trabalho inovadoras.
Autores famosos deram a sua opinião sobre o empresário:

- Para SCHUMPETER (1995), um empreendedor é uma pessoa que está disposta e é capaz de transformar uma ideia ou invenção numa inovação bem sucedida.
- Segundo Peter DRUKER (1970), um empresário é alguém que está disposto a arriscar a sua carreira, o seu tempo e o seu capital para concretizar uma ideia, por vezes mesmo em condições de risco.

No vocabulário utilizado para descrever um diretor de empresa, são frequentemente utilizados termos como coragem, invenção, perseverança, iniciativa, assunção de riscos, etc.
Terminaremos esta série de definições com a noção de espírito empresarial.
O Centre d'analyse des politiques economiques et sociales (CAPES) do Burkina Faso, na sua publicação de dezembro de 2004 intitulada "Les fondements de l'entreprenariat en RDC", define o espírito empresarial como "a capacidade criativa do indivíduo, sozinho ou no seio de uma organização, para identificar uma oportunidade e aproveitá-la para produzir um novo valor,...

---

[15] AU DE COSTER Michel, sociologie du travail et gestion du personnel, coleção gestion et organisation des entreprises, Ed Labor Bruxelles, 1976.

Por outras palavras, é a capacidade de uma pessoa ou de um grupo de pessoas se lançar numa aventura para criar algo novo, com todos os riscos que isso pode implicar.

II.5. INTRODUÇÃO À CRIAÇÃO DE EMPRESAS

A segunda edição das Jornadas Universitárias organizadas pela Fundação Anselmo Titianma SANON para a Cultura, a Paz e o Desenvolvimento (FATISA) centra-se no tema da Geração digna de enfrentar os desafios actuais. O seu objetivo é ajudar os jovens a prepararem-se para o futuro, desenvolvendo os seus conhecimentos, competências e atitudes.

Optámos por dar o nosso modesto contributo para isso com uma comunicação sobre a criação de empresas. Porquê este tema?

O termo "empresa" é muito utilizado atualmente, sobretudo no mundo dos negócios. É também utilizado para descrever muitas profissões diferentes (empresas agrícolas, empresas industriais, empresas financeiras, etc.) e sob diferentes formas (empresas privadas e empresas públicas). De onde vem este interesse tão marcado pelos negócios?

Em primeiro lugar, uma vez que a empresa é, por definição, uma unidade económica autónoma que produz bens e serviços para venda e distribui rendimentos, não pode deixar de atrair a atenção de todos os cidadãos. Além disso, o nosso mundo contemporâneo é dominado por actividades comerciais.

Por outro lado, podemos constatar que, em muitos países, tanto desenvolvidos como em desenvolvimento, o desemprego é um problema preocupante para os governos. Confrontados com a impossibilidade de o resolver de uma vez por todas, ou de garantir um emprego digno a todos os que procuram trabalho, os governos apoiam as iniciativas privadas de criação de emprego e, sobretudo, de autoemprego. Na prática, cada cidadão é chamado a tornar-se o seu próprio empregador. Para os jovens, em particular, que acabam de terminar a universidade ou a formação profissional, a solução para o futuro reside na criação do seu próprio emprego, razão pela qual estão tão empenhados em criar a sua própria empresa.

Estes são apenas alguns dos factores que explicam porque é que a empresa se tornou um verdadeiro objeto de interesse e atração.

É claro que não é possível abordar todo o assunto numa única comunicação. Poder-se-ia dedicar-lhe um livro inteiro e exercícios práticos. Por todas estas razões, intitulámos este documento de "Introdução à criação de empresas". Está estruturado em torno dos seguintes pontos:

- Os conceitos de empresa, de empresário, de empreendedorismo e de espírito empresarial
;

- Os trabalhos preliminares para a criação de uma empresa ;
- Formalidades para a criação de uma empresa na RDC.

Com esta abordagem, que é totalmente sintética, esperamos responder às necessidades de informação dos jovens e futuros empresários.

II.5.1. Noções de empresa, empresário, espírito empresarial e espírito empresarial espírito empresarial

11.5.1.1. Definições de empresa e espírito empresarial

O Instituto Nacional de Estatística e Economia (INSEE) define uma empresa como "uma unidade económica juridicamente autónoma organizada para produzir bens ou serviços para o mercado".

Na prática, as empresas são de todas as formas e dimensões, têm diferentes formas jurídicas e pertencem a diferentes sectores profissionais. Daí a dificuldade de uma definição única de empresa.

Uma **empresa** é qualquer pessoa singular ou colectiva que, com o objetivo de obter **lucro,** combina trabalho e capital de uma forma optimizada para obter um produto destinado a satisfazer uma procura solvente expressa num mercado.

Uma empresa pode assumir várias formas. Pode ser constituída por um ou mais estabelecimentos que são centros de produção tecnicamente autónomos, mas que estão económica e juridicamente integrados na empresa. Pode ser constituída e detida por uma ou mais pessoas singulares ou colectivas.

É feita uma distinção entre :

- Empresas privadas criadas por pessoas singulares ou colectivas;
- As empresas públicas são aquelas cujos proprietários incluem, pelo menos, uma pessoa de direito público, ou seja, o Estado ou uma das suas agências.
- MEMBERSHIPS ;
- Empresas semi-privadas ou semi-públicas que se encontram a meio caminho entre uma empresa privada e uma empresa pública.

Existem duas formas de empresa privada: a empresa individual e a sociedade.

Um comerciante em nome individual é aquele cuja firma, património e rendimentos são os mesmos que os do agregado familiar. O agregado familiar é então o proprietário. São exemplos os comerciantes, os agricultores, os artesãos, os advogados, os oficiais de justiça, etc.

No caso de uma sociedade, o capital é dividido entre várias pessoas singulares ou colectivas. As sociedades dividem-se em sociedades de pessoas e sociedades anónimas. As sociedades de pessoas são aquelas em que os sócios nominativos detêm acções do capital que não podem ser vendidas ou transferidas sem o acordo unânime dos sócios, ou mesmo transmitidas por herança. As Sociétés de capitaux têm sócios anónimos que detêm acções livremente transmissíveis.

Por último, as empresas públicas dividem-se em três grupos: estabelecimentos públicos industriais e comerciais, empresas públicas e sociedades de economia mista.

[16]De acordo com Stephane BALLAND e Anne-Marie BOUVIER (2008), a empresa é uma entidade multidimensional: económica, humana e social.

- **A empresa é um agente económico**
- É uma unidade de produção que transforma factores de produção em produtos e serviços;
- Contribui para o Produto Interno Bruto (PIB) ao gerar valor acrescentado;
- É também uma unidade de despesa que consome e investe para assegurar a produção;
- É uma unidade de distribuição e partilha da riqueza;
- Devido à sua natureza comercial, está sujeita a restrições de eficácia (atingir objectivos fixos) e eficiência (atingir objectivos optimizando os recursos).
- **A empresa é uma realidade humana**
- A empresa é também definida como uma comunidade, um grupo humano, empregados que contribuem para a realização de objectivos estratégicos comuns;
- Os indivíduos devem trabalhar em conjunto para atingir os objectivos;
- Os interesses da empresa e os interesses individuais devem convergir.
- **A empresa é uma realidade social**
- A empresa cria empregos, rendimentos e produtos, mas também inovação e progresso tecnológico;
- A empresa actua sobre o seu ambiente, tendo a sua atividade repercussões sobre a dos outros agentes económicos;
- As empresas tomam certas medidas espontaneamente ou sob pressão do ambiente.

Outro termo muito utilizado neste contexto é "espírito empresarial". O empreendedorismo é definido como o processo pelo qual um indivíduo ou um grupo de indivíduos dedica tempo e capital à procura de oportunidades de mercado, com o objetivo de gerar valor e fazer crescer a empresa através da inovação, independentemente dos recursos disponíveis. É um processo que envolve o lançamento de um projeto, a organização dos recursos necessários e a assunção dos riscos e das recompensas.

11.5.1.2. Definições de empresário e de espírito empresarial

Mas o que dizer do "empreendedor", um termo frequentemente utilizado na vida

[16] FAYAL Alan op.cit pp 25 - 35.

quotidiana e, em particular, no mundo dos negócios?
O empresário é a pessoa que cria ou gere a empresa. Possui qualidades especiais e aplica métodos de trabalho inovadores.
Autores famosos deram a sua opinião sobre o empresário:
- Para SCHUMPETER (1950), um empreendedor é alguém que está disposto e é capaz de transformar uma ideia ou invenção numa inovação bem sucedida.
- Para Peter DRUCKER (1970), um empresário é uma pessoa que está disposta a arriscar a sua carreira, o seu tempo e o seu capital para concretizar uma ideia, por vezes mesmo em condições de risco.

No vocabulário utilizado para descrever um diretor de empresa, é frequente reconhecermos termos como *coragem, inovação, intuição, criatividade, invenção, perseverança, tomada de iniciativa, assunção de riscos*, etc.
Concluiremos esta série de definições com a noção de espírito empresarial. O Centre d'analyse des politiques économiques et sociales (CAPES) do Burkina Faso, na sua publicação de dezembro de 2004 intitulada *"Les fondements de l'entreprenariat au Burkina Faso"*, define o espírito empresarial como "a capacidade criativa do indivíduo, sozinho ou no seio de uma organização, para identificar uma oportunidade e aproveitá-la para produzir um novo valor...". Por outras palavras, é a capacidade de uma pessoa ou de um grupo de pessoas de se lançar numa espécie de aventura para criar algo novo, com todos os riscos que isso pode implicar.

11.6. TRABALHO ANTERIOR À CRIAÇÃO DE UMA EMPRESA

11.6.1. O que precisa de saber antecipadamente

Antes de abordar os trabalhos preliminares da criação de uma empresa, devemos colocar-nos a seguinte questão: Porquê criar uma empresa? Esta pergunta pode ser respondida da seguinte forma:
Criar uma empresa significa :
- Acima de tudo, tornar-se um empresário;
- A busca da liberdade financeira, do sucesso e da praticidade;
- Para satisfazer o desejo de mudar o mundo;
- Sair de um período de desemprego;
- Deixar um ambiente de trabalho desconfortável;
- Construir para o futuro.

[17]Mas é preciso ter consciência de que criar uma empresa e, sobretudo, geri-la implica correr riscos, que incluem :
- Perda de dinheiro: a aventura de criar uma empresa pode ser de curta

[17] LUKENI LUNYIMI, Comment creer une PME formalite juridique essentielle, 2ª edição Kinshasa, 1997.

duração, resultando na perda total do dinheiro investido.

- Desperdício de tempo: a criação e a gestão de uma empresa requerem muito tempo. Pode mesmo levar muito tempo a refletir, a orientar-se e, por vezes, a passar por uma série de procedimentos fastidiosos, especialmente quando não existem estruturas administrativas.
- Perder amigos ou parte da família: criar e gerir uma empresa significa, por vezes, estar longe dos amigos e até de alguns membros da família, o que é desagradável e difícil de suportar.
- Perda de credibilidade: se falhar, pode perder a credibilidade junto das pessoas que o rodeiam.
- Perda da autoestima e da autoconfiança: mesmo quando falhamos, podemos ficar tão angustiados que duvidamos de nós próprios e perdemos a nossa autoestima.

Como é que se gerem estes riscos?

- Não tenha medo: o medo do risco mata-o; tem de ser suficientemente corajoso para ultrapassar quaisquer dificuldades.
- Formar uma ideia e desenvolvê-la ao longo do tempo: é necessário definir um objetivo e refletir sobre ele dia após dia.
- Não espere demasiado tempo para se decidir: não pode ficar demasiado tempo num estado de indecisão, caso contrário o desejo de criar a sua própria empresa acabará por desaparecer.
- Autoconfiança: a autoconfiança é a chave do sucesso.
- Classificar os riscos de acordo com a sua importância: nem todos os riscos são igualmente graves. Devem ser identificados e preparados em conformidade.
- Classificar os riscos de acordo com a sua probabilidade de ocorrência: nem todos os riscos ocorrerão necessariamente ou ocorrerão ao mesmo tempo.
- Pensar em medidas de atenuação: em função da natureza do risco, preparar a solução adequada para o enfrentar.
- Agir: assim que a ideia estiver madura e as condições forem adequadas, é altura de agir.

Pode ser difícil formar uma ideia, especialmente quando se está a criar a sua própria empresa pela primeira vez. Existem alguns conselhos práticos para formar uma ideia com vista à criação da sua própria empresa. A lista que se segue não é exaustiva:

- Concentrar-se num mercado específico: algo que está a ser muito procurado neste momento.
- Conhecer os actores: fornecedores, clientes, prestadores de serviços, etc.
- Tente compreender os seus problemas: o que é que eles procuram? O que é que eles precisam?

- Observar o que já está a ser feito: quem está a fazer o quê?
- Esforçar-se por fazer melhor do que o que já existe: concentrar-se na qualidade, rapidez, simplicidade, fiabilidade, custo, etc.

Identificar uma oportunidade: existe um sector promissor neste momento?

- Olhar para o que está a ser feito noutros locais: que experiência podemos aprender com o exterior?
- Examine os seus pontos fortes e fracos: o que é que consegue fazer melhor do que os outros e o que é que não consegue fazer melhor do que os outros?
- Procure fontes de inspiração: leia revistas especializadas, sítios Web, fale com profissionais, participe em concursos, etc.
- Definir uma grelha de análise das ideias: escolher critérios precisos de análise das ideias.
- Identifique as ideias e analise-as através da grelha de análise: elimine as ideias menos interessantes de acordo com os critérios selecionados e concentre-se nas ideias que oferecem esperança.

Mas o que pode esperar quando se torna um empresário? É importante lembrar que ser empresário vai mudar o rumo da sua vida de várias formas:

- Gerir uma empresa é um trabalho exigente;
- Quando se é empresário, tem-se pouco tempo livre para a família e os amigos;
- O contratante tem frequentemente de trabalhar fora do horário de expediente;
- Por vezes, tem poucas ou nenhumas férias;
- A criação de uma empresa exige um grande investimento financeiro no início, antes de os primeiros lucros começarem a surgir.

Mas nada disto diminui a nobreza da profissão de empresário, porque todos os empresários são apaixonados pelo seu trabalho.

11.6.2. As principais etapas da criação de uma empresa

Guilhem Bertholet (2015), no seu livro intitulado **"Le petit livre rouge de la création d'entreprise"**, identificou doze etapas fundamentais na criação de empresas, a que chama **"Les douze premiers travaux pour la création d'entreprise".**

Reproduzimo-las a seguir com comentários explicativos para facilitar a sua compreensão:

1. **Compreender os seus objectivos pessoais:**

a. Conhecer-se a si próprio;
b. Conheça os outros membros da sua equipa;
c. Conheça as suas expectativas e as da sua equipa;
d. Descubra se o seu projeto está a ter sucesso ou a falhar;

e. Saber quando parar a aventura ou começar uma nova.

2. Definição dos seus objectivos comerciais :

a. Formular uma declaração de missão que resuma toda a empresa em poucas palavras

b. Exemplos:

i. Para uma empresa de paisagismo: *"Fazer do jardim a parte mais bonita da casa".*

ii. Para um salão de cabeleireiro: "*O cabeleireiro mais talentoso e simpático da zona".*

iii. Para um sítio Web que compara concessionários, oficinas e reparadores de automóveis: *"Find a garage you can trust".*

c. Formular objectivos precisos e concretos, por exemplo :

i. "Produzir e comercializar 1 500 toneladas de concentrado de tomate em 2018.

ii. "Conquistar 25% do mercado nacional de frutas e legumes até 2020.

3. Identifique o problema que pretende resolver:

a. O mais importante é o cliente, e mais concretamente as suas necessidades;

b. Qual é o problema que pretende resolver para o cliente?

c. Exemplo de uma empresa de explicações:

i. Ajudar os alunos a obter as melhores notas;

ii. Reduzir o risco de repetição de um ano;

iii. Uma garantia de maior sucesso profissional no futuro.

4. Conheça o seu passo:

a. Definir tipos de clientes;

b. Compreender as necessidades específicas dos clientes;

c. Compreender o comportamento dos clientes;

d. Conheça os seus concorrentes;

e. Compreender as principais tendências do mercado.

5. Definir o seu modelo de negócio:

a. Abordagem para construir um modelo de negócio :

i. Parceiros estratégicos: quem são?

ii. Actividades-chave: que actividades-chave precisamos de criar para produzir e vender o que queremos oferecer aos clientes?

iii. Recursos-chave: que recursos são necessários para produzir e vender o que queremos oferecer aos clientes?

iv. Estrutura de custos: quais são os principais custos associados ao nosso modelo?

v. Relações com os clientes: que tipo de relação é que os nossos clientes querem que mantenhamos com eles?

vi. Canais de distribuição: como é que queremos disponibilizar o nosso produto?

vii. Fluxos de receitas: como é que os clientes pagam?

viii. Segmentos de clientes: quem são os nossos principais clientes?

b. Construa o seu plano de ação :

a. Enumerar as primeiras acções a realizar:

i. Nome da empresa ;

ii. Logótipo da empresa ;

iii. Principais elementos da minha página inicial no sítio Web;

iv. Enumerar os principais clientes;

v. Enumerar os principais concorrentes.

b. Elaborar um calendário de execução das diferentes tarefas.

7. Encontre o seu primeiro cliente:

i. Uma empresa só é tão boa quanto os seus clientes;

ii. Quanto mais cedo tivermos o nosso primeiro cliente, mais cedo podemos ter o próximo;

iii. Enumere todas as formas práticas de entrar em contacto com o seu primeiro cliente

iv. Telefone ;

v. . Correio eletrónico ;

vi. . Participação numa feira ;

vii. Participar numa conferência;

viii. Redes sociais: Google, Facebook, LinkedIn, Twitter, etc.

8. Construir a sua imagem:

a. O que os clientes recordam é a imagem da empresa;

b. A imagem é composta por vários elementos:

i. A personalidade da empresa: dinâmica, de qualidade, de dimensão humana ou familiar;

ii. Elementos gráficos: cores, logótipo, tipo de letra, etc.

iii. Conteúdo: o que diz quando apresenta a sua empresa.

9. Conhecer pessoas, muitas pessoas:

a. Acima de tudo, conheça pessoas que lhe serão muito úteis:

i. Membros da sua família ;

ii. Amigos ;

iii. Clientes potenciais.

b. Oportunidades de reunião :

i. Eventos locais ;

ii. Nas associações ;

iii. Nos clubes desportivos ;

iv. Nos transportes públicos.
c. Deixe uma pequena lembrança para cada ocasião: o seu cartão de visita, um folheto sobre a sua empresa.

10. Defina a sua oferta:

a. A oferta consiste em produtos e/ou serviços.
b. Antes de definir a oferta, é essencial :
i. Dedique algum tempo a compreender as suas necessidades;
ii. Identificar as pessoas para quem esta necessidade existe;
iii. Descubra o que já está a ser feito.

11. Está a rodear :

a. Perante a multiplicidade de decisões a tomar e de escolhas possíveis, o empresário encontra-se por vezes sozinho.
b. É necessário rodear-se de pessoas em quem pode confiar para :
i. Ajudar a dar um passo atrás;
ii. Dá orientações e conselhos:
iii. Ajudar-vos a pôr a cabeça à tona da água.

12. Crie as suas próprias rotinas :

a. O empresário deve impor a si próprio "rotinas" (tarefas rituais):
i. Contactar cinco clientes potenciais já identificados;
ii. Escrever um artigo para o seu blogue;
iii. Escreva uma mensagem de correio eletrónico a todas as pessoas que conheceu desde o início do seu projeto;
iv. Leia revistas sobre o seu sector de atividade.

Estes conselhos não são uma panaceia. Mas se os aplicar corretamente, evitará erros desnecessários e estará no bom caminho para concretizar a sua ideia de negócio.

11.6.3. FORMALIDADES PARA A CRIAÇÃO DE UMA EMPRESA NO DR CONGO

Durante muito tempo, a criação de uma empresa na República Democrática do Congo foi particularmente difícil e morosa, sobretudo para os jovens. Atualmente, o governo congolês criou mecanismos que facilitam a criação de uma empresa, mesmo no espaço de uma semana. Esta é a missão das estruturas especializadas de balcão único sob a supervisão do Ministério das Finanças, na sequência da adesão da RD Congo à OHADA em 2017. Estes centros acolhem e acompanham os empresários no processo de criação, modificação e retoma de empresas. [18]O serviço de formalidades das empresas permite ao empresário

[18] LUKENI LUNYIMI, Comment creer une PME formalite juridique essentielle, 2ª edição Kinshasa, 1997

cumprir as formalidades associadas a uma empresa num único local e em tempo recorde, com base num único documento:

- Inscrição no Registo de Crédito Comercial e Imobiliário (RCCM),
- Registo junto das autoridades fiscais,
- Inscrição na segurança social,
- Registo comercial.

Estas formalidades são descritas a seguir:

II.6.3.1. Para os indivíduos

1. Formalidades a cumprir :

- Registo de créditos comerciais e de bens pessoais (RCCM) ;
- Declaração de existência fiscal e número de identificador financeiro único (IFU) ;
- Carte professionnelle de commerergant (CPC) ;
- Notificação do empregador (CNSS) ;

2. Documentos necessários para todas as formalidades :

- 1 fotocópia legalizada do bilhete de identidade ou passaporte do promotor ;
- 1 extrato do registo criminal do promotor com menos de três meses ou uma declaração de honra devidamente assinada pelo promotor;
- 1 cópia da certidão de casamento (se aplicável) ;
- 1 certificado de residência para o ano em curso (pagamento do imposto de residência ao Service des domaines e emissão do certificado de residência na câmara municipal ou na esquadra de polícia;
- Um dos seguintes documentos em nome do fundador da empresa: 1 contrato de arrendamento comercial registado, um título de propriedade, uma licença de habitação urbana, um certificado de atribuição de lotes, uma fatura de água ou eletricidade;
- 2 fotografias tipo passe do promotor ;
- 1 formulário de pedido de cartão de visita, que deve ser pago no local, ao balcão, pelo preço de 500 francos;
- 1 formulário de localização carimbado pela repartição de finanças da empresa.

11.6.3.2. Para pessoas colectivas:

1. Formalidades a cumprir :

- Registo de créditos comerciais e de bens pessoais (RCCM) ;
- Declaração de existência fiscal e número de identificador financeiro único (IFU) ;
- Notificação do empregador (CNSS).

2. Documentos necessários :

■ 1 fotocópia do bilhete de identidade ou passaporte do(s) diretor(es) executivo(s) e de um dos sócios;

■ 1 extrato do registo criminal do(s) dirigente(s), com menos de três meses, ou uma declaração de honra devidamente assinada pelo(s) dirigente(s) (formulário pré-estabelecido disponível);

■ 1 cópia dos estatutos da sociedade ;

■ 1 cópia da ata da assembleia geral constituinte ;

■ 1 cópia do ato notarial de subscrição e de pagamento do capital ou da declaração de regularidade ou de conformidade ;

■ Um dos seguintes documentos em nome da empresa: 1 contrato de arrendamento comercial registado nas autoridades fiscais, um título de propriedade, uma licença de habitação urbana, um certificado de atribuição de lotes, uma fatura de água;

■ 4 exemplares do formulário MO (formulário pré-estabelecido disponível) ;

■ 2 títulos de depósito de pelo menos ;

■ 1 formulário de localização carimbado pela repartição de finanças da empresa.

1. O segredo do sucesso

De acordo com um estudo da Smail Business Trends, 72% dos gestores de PMEs sentem-se sobrecarregados pelas suas funções e responsabilidades. O mundo do empreendedorismo.

> Nunca perder de vista o objetivo da estrutura;
> Rodeie-se das pessoas certas;
> Separar o trigo do joio;
> Bom = Capaz de produzir o resultado esperado
> Mau = incapaz de acrescentar valor

Este é o potencial de criação de valor acrescentado dos conceitos de gestão optimizada

2. O fator de produtividade

A população qualificada para um determinado cargo pode ser dividida em 5 grupos não vendidos

a) Desempenho (20%)
b) Eficientes (30%)
c) Desempenhos ineficientes (17,5%)
d) Pessoas tóxicas (2,5%)

3. As chaves para se tornar um super gestor

1. Atuar de forma coerente

2. Abordar as competências corretas
3. Otimizar o tempo
4. Liderar uma equipa
5. Ultrapassar as dificuldades de relacionamento
6. Desenvolver a sua liderança
7. Gerir um projeto (bónus)

a) Triângulo custo/entrega/desempenho (qualidade) b) Criação de uma estrutura de poder ad hoc c) Uma equipa dedicada

4. A diferença entre criar e inventar

A diferença entre criar e inventar é que "criar" é tirar algo do nada, fazer algo do nada, enquanto "inventar" é conceber, ter a ideia primeiro, de algo novo com uma utilização prática.

11.7. AS TEORIAS DE MICHEAL PORTER

As seis forças da concorrência A cadeia de valor Os conceitos desenvolvidos por Michael PORTER são indispensáveis nos estudos de casos estratégicos. O primeiro deles foi apresentado em 1982, no livro Strategic Choices and Competition. Três anos mais tarde, o livro aqui resumido utiliza a cadeia de valor para abordar várias questões fundamentais sobre a vantagem competitiva. Como se pode obter uma vantagem competitiva sustentável? Como é que as interligações reforçam a vantagem competitiva? Quais são as implicações estratégicas das soluções para estas duas questões? [19]A essência do nosso estudo

.

11.7.1. Ganhar uma vantagem competitiva

Antes de entrar no cerne da questão, é necessário definir o princípio da vantagem competitiva. É o que o autor faz, descrevendo-a como "o valor que uma empresa pode criar para os seus clientes para além dos custos incorridos pela empresa para o criar". Por conseguinte, é fundamental que uma empresa identifique as suas fontes de vantagem competitiva, antes de as explorar, como é óbvio.

A. Uma ferramenta de análise: a cadeia de valor

Este trabalho exploratório baseia-se quase exclusivamente na utilização da cadeia de valor como instrumento de análise. Traça o entrelaçamento das actividades criadoras de valor, distinguindo as actividades principais (logística interna, produção, logística externa, marketing e vendas, serviços) das actividades de apoio (aprovisionamento, desenvolvimento tecnológico, gestão dos recursos humanos e infra-estruturas da empresa).

Esta repartição mostra o impacto de cada atividade em termos de custos ou do seu potencial de diferenciação.

---

[19] Bernadin M. Gestão do desempenho, CEPROMAD, DEA, 2019.

Por outro lado, estas actividades estão ligadas entre si por mecanismos de otimização (pode ser necessário arbitrar entre duas actividades) ou de coordenação cujo impacto nos custos e no desempenho da empresa é considerável.
Existem também ligações externas (ou verticais), em que a cadeia de valor da empresa está em contacto com as dos seus clientes, fornecedores e distribuidores. Assim, torna-se parte de um sistema de valores (na terminologia do livro).
As diferentes fontes de vantagem competitiva tornam-se então claras.
De uma forma ou de outra, estas mudanças reflectem-se quer numa alteração dos custos suportados pela empresa, quer num impacto na sua diferenciação.
Estes dois tipos de vantagens competitivas, combinados com o domínio de atividade em que a empresa se baseia para as obter, definem três estratégias básicas para obter resultados acima da média do sector. São elas o domínio dos custos, a diferenciação e a concentração de empresas. No entanto, esta última é invulgar, na medida em que se baseia na exploração de uma vantagem competitiva (quer através dos custos, quer através da diferenciação) num alvo restrito.
O autor insiste no perigo de se recusar a escolher entre estas três estratégias de base. Na sua opinião, "ficar no meio termo" conduz inevitavelmente a resultados abaixo da média do sector, a menos que todos os concorrentes cometam o mesmo erro. Isto não deve impedir uma empresa de reduzir os custos que não impliquem sacrificar a diferenciação, ou de aproveitar as oportunidades de diferenciação que não sejam dispendiosas. Muito simplesmente, para além destes ajustamentos, a empresa deve escolher a vantagem que, em última análise, será sua.

B. A vantagem dos custos

Esta vantagem só pode ser obtida através da realização de actividades criadoras de valor a um custo acumulado inferior ao dos concorrentes. A cadeia de valor é, portanto, mais uma vez, o instrumento privilegiado de análise do autor. Permite-nos estudar os custos associados às actividades criadoras de valor e não à empresa no seu conjunto. Torna-se então possível associar custos e activos a estas actividades. A comparação resultante pode revelar potenciais melhorias de custos.
No entanto, é a análise do comportamento dos custos das actividades e, portanto, dos seus factores de evolução, que deve ser objeto de atenção. Estes factores são (segundo o autor) em número de dez: as economias de escala, o efeito de aprendizagem, a configuração da utilização das capacidades, as ligações, as interconexões, a integração, o timing, as medidas discricionárias, a localização e

os factores institucionais. Estes factores combinam-se para determinar o custo de cada atividade e, por conseguinte, a posição competitiva da empresa.

Este trabalho, efectuado com base em dados estáticos, deve ser completado por um estudo da dinâmica dos custos. Neste caso, o objetivo é prever o sentido de variação dos factores de evolução e, por conseguinte, identificar as actividades cujos custos irão aumentar ou diminuir.

Ao proceder desta forma, a empresa dá a si própria os meios para determinar a sua posição relativa em termos de custos. Mesmo uma comparação aproximada com a situação dos seus concorrentes permite-lhe escolher entre obter uma vantagem através do controlo dos factores que determinam a evolução dos custos e remodelar a cadeia de valor (melhorando a conceção, o fabrico, a distribuição, etc.). Também é possível levar a cabo estas duas acções em simultâneo. Uma vantagem sustentável em termos de custos só pode resultar de uma combinação destas medidas.

Por último, convém não esquecer que a vantagem em termos de custos só conduz a resultados acima da média se a empresa oferecer um valor aceitável ao cliente.

A diferenciação alcançada por uma empresa é o valor que cria para os seus clientes ao satisfazer todos os critérios de compra.

As fontes de diferenciação são múltiplas. Estas resultam não só dos atributos do produto ou da política comercial, mas de todas as actividades da cadeia de valor, e mesmo das actividades a jusante. Não deve haver confusão com a noção de qualidade, que é apenas uma componente da diferenciação.

O reforço da diferenciação resulta da multiplicação dos elementos de unicidade ou singularidade de que a empresa beneficia. De facto, as ligações entre a cadeia de valor da empresa e a do cliente são outras tantas oportunidades de diferenciação.

No entanto, o valor criado desta forma continua a ser desconhecido. O cliente só paga pelo valor perdido. Pode mesmo pagar um preço mais elevado por um valor mais baixo, se este estiver melhor sinalizado. O êxito de uma estratégia deste tipo depende, por conseguinte, tanto dos critérios de sinalização (publicidade, reputação) como dos critérios de utilização (valor efetivamente criado: qualidade do produto, prazos de entrega, etc.).

A diferenciação produz resultados acima da média quando o valor perdido pelo cliente excede o seu custo. Este último está ligado aos factores de evolução dos custos das actividades que geram a singularidade da empresa. O desempenho será tanto mais sustentável quanto mais os clientes se aperceberem constantemente do valor acrescentado e os concorrentes não o conseguirem imitar. É preciso, no entanto, agir com moderação e evitar uma diferenciação excessiva, ou equiparar a singularidade ao valor criado.

D. Factores que influenciam tanto a vantagem competitiva como a estrutura do sector

A tecnologia é o primeiro destes elementos. Este termo abrange não apenas as actividades de investigação e desenvolvimento, mas todas as tecnologias utilizadas pela empresa, independentemente da sua natureza (podem ser um conjunto de procedimentos, por exemplo). A cadeia de valor servirá, portanto, mais uma vez, como instrumento de análise. É tanto mais importante quando existem interdependências consideráveis com as tecnologias dos clientes e dos fornecedores. A distinção entre tecnologias "altas" e "baixas" é, por conseguinte, irrelevante neste domínio. [20]O que importa é a relação entre tecnologia e concorrência.

Embora a tecnologia tenha uma influência direta nos custos ou na diferenciação, também desempenha um papel na vantagem competitiva, modificando outros factores na evolução dos custos ou da singularidade. Pode também influenciar cada uma das cinco forças da concorrência, nomeadamente em termos de barreiras à entrada. Por conseguinte, é aconselhável dar prioridade às tecnologias que têm efeitos mais duradouros sobre os custos ou a diferenciação, o que não tem nada a ver com o seu grau de sofisticação.

Devido a este papel importante na obtenção de uma vantagem competitiva, há que considerar também a revolução tecnológica. Ao dotar-se dos meios para a antecipar, uma empresa pode tomar as iniciativas adequadas e, assim, apropriar-se ou reforçar uma vantagem competitiva.

Este trabalho de previsão baseia-se geralmente no modelo do ciclo de vida. Na fase de crescimento, a inovação centra-se principalmente no produto. Quando atingem a maturidade, o objetivo é racionalizar a produção em massa, razão pela qual os esforços se concentram na melhoria dos processos de fabrico. Quando o declínio se aproxima, as inovações tornam-se raras, uma vez que os investimentos tecnológicos atingem o limiar dos rendimentos decrescentes.

No entanto, não se deve esquecer que as previsões tecnológicas devem ser tratadas com prudência, dado o elevado grau de incerteza neste domínio. Isto é válido tanto para a escolha das tecnologias a desenvolver como para a decisão de ser ou não pioneiro ou para a concessão de licenças de exploração.

A escolha dos concorrentes é o segundo elemento que influencia tanto a vantagem competitiva como a estrutura do sector. Este é talvez o capítulo mais interessante do livro, uma vez que vai contra muitas ideias convencionais. O raciocínio é que os concorrentes podem aumentar a competitividade da empresa e melhorar a estrutura do sector. Por conseguinte, pode ser preferível renunciar

[20] Op.Cit pp 10 - 15

deliberadamente a um aumento da quota de mercado. Mas as coisas não são assim tão simples, na medida em que se trata de saber como se comportar em relação aos "bons" concorrentes, quando seria melhor concentrar os ataques nos "maus".

Michael Porter explica as vantagens de ter concorrentes bem selecionados da seguinte forma.

Este concorrente pode atuar como um escudo para a empresa de várias formas. Ao absorver as flutuações da procura, pode manter um elevado nível de atividade apesar de uma deterioração da economia. Ao servir segmentos desinteressantes e não rentáveis, em que os clientes têm um poder de negociação considerável. Ao ter custos mais elevados, o que permite à empresa gerar margens mais elevadas. Ao estimular a capacidade criativa através do fenómeno básico da concorrência...

A um nível mais geral, a presença de concorrentes permite evitar processos de posição dominante ou mesmo de monopólio (o exemplo da Microsoft vem imediatamente à mente). Acima de tudo, funciona como um fator dissuasor da entrada de uma nova empresa. Torna mais provável que sejam desencadeadas retaliações violentas contra um novo operador. Este último pode já ter sido desencorajado pela situação medíocre dos "bons" concorrentes, que são uma ilustração das dificuldades sentidas pelas empresas de segunda linha.

Para conseguir estes efeitos, é necessário, em primeiro lugar, determinar as caraterísticas de um bom concorrente. Esquematicamente, ele deve ser credível e coerente na sua tomada de decisões, mas ao mesmo tempo sofrer de fraquezas de que tem consciência. Isto limita as suas ambições e, por conseguinte, o risco de as suas acções irem contra a estratégia da empresa, mas leva-o a adotar uma estratégia que reforça os elementos favoráveis da estrutura do sector. É evidente que nenhum concorrente é "bom".

(O mesmo raciocínio deverá ser aplicado por uma empresa que não esteja em condições de se tornar líder. Terá de escolher um sector controlado por um "bom" líder, ou seja, uma empresa cuja estratégia lhe permita beneficiar de uma proteção atrás da qual a empresa possa viver e ser rentável).

Uma empresa que pretenda aproximar-se de uma tal configuração concorrencial pode começar por seguir uma política de dissuasão e de retaliação colectiva, visando os "maus" concorrentes potenciais. Inversamente, a entrada de bons concorrentes será facilitada pela conclusão de acordos de fornecimento ou de distribuição, ou mesmo pela concessão de licenças de exploração de uma tecnologia.

Quaisquer que sejam os meios utilizados para o conseguir, o objetivo final neste domínio é alcançar uma quota de mercado suficiente para desencorajar qualquer ataque e que, combinada com as outras vantagens competitivas, preserve o equilíbrio do mercado.

E. Interações com o domínio da concorrência

Esta parte do livro examina a interação entre o campo competitivo e a vantagem detida pela empresa num sector. Analisa as formas como um sector pode ser segmentado e os factores que substituem um produto.

O objetivo da segmentação de um sector é determinar o campo competitivo da empresa e, por conseguinte, os segmentos que deve servir.

As diferenças entre produtos dão origem a segmentos se modificarem a intensidade de uma das cinco forças da concorrência ou se influenciarem as condições de uma vantagem competitiva. As variáveis de segmentação são: variedade do produto, tipo de cliente, canal de distribuição e localização geográfica. A combinação destas variáveis permite estabelecer uma segmentação global do sector. Tomadas duas a duas, conduzem ao estabelecimento de matrizes de segmentação.

A fase seguinte diz respeito à estratégia competitiva, uma vez que implica determinar a atratividade de cada um dos segmentos definidos. Esta é, evidentemente, função da atratividade estrutural do segmento (medindo as cinco forças da concorrência), mas também da sua dimensão, do seu crescimento, da posição da empresa e das suas interconexões (ou seja, das ligações existentes entre vários segmentos onde as actividades da cadeia de valor podem ser agrupadas). Este último ponto é absolutamente crucial.

Com efeito, as fortes interligações favorecem o desenvolvimento de uma estratégia que corresponde a um objetivo geral. Mas o agrupamento de actividades implica custos de coordenação, compromissos (quando a cadeia de valor não é óptima para servir todos os segmentos) e rigidez. Por conseguinte, não é sistematicamente vantajoso servir todos os segmentos de um sector. Neste caso, a decisão basear-se-á numa estratégia de concentração, optimizando a cadeia de valor para servir um ou alguns segmentos.

Esta estratégia será viável face a concorrentes de grande dimensão se a cadeia de valor óptima (adoptada pela empresa) diferir significativamente da necessária para servir outros segmentos. Por outro lado, face aos imitadores, só funcionará se a empresa beneficiar de uma vantagem competitiva sustentável em resultado de economias de escala (mesmo as economias de escala modestas num segmento pequeno permitem à empresa manter a sua vantagem, especialmente se não puderem ser compensadas por interconexões).

A substituição consiste em suplantar um produto ou um método de produção, desempenhando uma ou mais funções específicas no seu lugar. Esta definição é importante na medida em que evita que se cometa um erro metodológico na identificação dos produtos de substituição. Com efeito, o que se deve fazer é procurar produtos com as mesmas funções gerais (ou seja, um papel idêntico na cadeia de valor do cliente) e não com a mesma forma.

Além disso, os produtos de substituição nem sempre são produtos diferentes. O cliente pode, por exemplo, decidir não comprar nada, mas renunciar às funções correspondentes. O progresso técnico, por seu lado, permite muitas vezes reduzir a taxa de utilização do produto. A utilização de produtos usados, reciclados ou recondicionados não deve ser negligenciada. A integração a montante (frequentemente através da compra direta ao fabricante) é o último método de substituição potencial. No entanto, a ameaça de substituição não advém apenas da substituição de produtos, mas também de substituições a jusante que afectam diretamente o cliente. Um produto pode ser afetado pelo desaparecimento de um produto complementar, mesmo que não esteja diretamente ameaçado.

O mecanismo de substituição é o resultado da combinação de três factores. O primeiro é a comparação entre o valor e o preço do produto de substituição e o do produto do sector. O autor designa este fator como o rácio valor relativo/preço (RRVP). O segundo fator é representado pelos custos de conversão necessários para adotar o produto de substituição (adoção de novas fontes de abastecimento, reaprendizagem, risco de fracasso, etc.). O terceiro fator é a propensão do cliente para mudar de produto (em grande parte dependente do perfil de risco ou de substituições anteriores).

A evolução da ameaça é, por conseguinte, uma função de alterações nos preços relativos, no valor relativo, no valor perdido pelos clientes, nos custos de conversão e na propensão para mudar de produto.

Estas alterações determinam a trajetória de substituição. Esta começa a um ritmo modesto, na fase de informação e de experimentação, seguida da fase de arranque "em direção a um limite superior constituído pelo número de clientes potencialmente interessados, número esse que pode evidentemente variar ao longo do tempo em função da evolução tecnológica.

Tendo em conta o que precede, uma empresa que pretenda lançar um produto de substituição pode orientar os seus esforços para os clientes mais propensos a mudar de produto, melhorar a sua oferta nos domínios em que o RRVP é mais elevado, reduzir os custos de conversão, etc. Inversamente, a defesa de um produto existente pode implicar a descoberta de novas utilizações para o mesmo em que o produto de substituição não tem qualquer efeito, a reorientação da concorrência para os pontos fortes do produto de substituição ou a obtenção de distribuidores que contribuam para a defesa.

Há muitos erros que podem ser cometidos na luta contra os produtos de substituição, mas o mais grave é, sem dúvida, o de considerar a maturidade do produto como um dado adquirido e, por conseguinte, impossibilitar a sua substituição.

11.7.1.2. Interligações e estratégia horizontal

O objetivo é descrever a estratégia global de um fumador diversificado. A questão central é saber como explorar as interconexões entre as unidades para obter uma vantagem competitiva.

A. Interligações entre unidades de negócio

Nos anos 70, muitas empresas diversificaram-se, utilizando como pretexto as sinergias entre as suas actividades. Infelizmente, esta política não deu frutos, sem dúvida devido a uma falta de discernimento nas aquisições ou à ausência dos instrumentos de análise necessários. O resultado foi uma nova tendência: a descentralização das actividades.

No entanto, os desenvolvimentos observados por Michael Porter levaram-no a recomendar a adoção de uma estratégia horizontal. Esta consiste em coordenar as divisões da empresa a fim de lhe conferir uma vantagem comparativa. O autor baseia o seu raciocínio em quatro pontos. Em primeiro lugar, nos anos 80, assiste-se a uma transformação do modo de diversificação: as aquisições dizem respeito a domínios conexos. Em segundo lugar, com o abrandamento significativo do crescimento, foi dada prioridade aos resultados e, consequentemente, à vantagem competitiva. Em segundo lugar, os progressos técnicos facilitam a exploração das interconexões. Por último, só uma estratégia horizontal oferece a perspetiva global necessária para fazer face a concorrentes multipolares.

Para chegar a estes resultados, o autor identifica três tipos de interconexão, que podem coexistir.

As interligações tangíveis correspondem à partilha de actividades entre as unidades da empresa. Podem envolver qualquer atividade geradora de valor e criar uma vantagem competitiva através de custos mais baixos ou de uma maior diferenciação. No entanto, implicam custos de coordenação, compromisso e rigidez.

As interligações imateriais implicam a transferência de saber-fazer entre as cadeias de valor de duas unidades. Ao implicarem a difusão das mesmas competências, conduzem frequentemente à normalização das estratégias de base. Trata-se, no entanto, de um processo delicado, uma vez que o saber-fazer é um conceito muito subjetivo.

Por último, existem interligações concorrenciais quando uma empresa combate rivais diversificados através de várias unidades.

B. Estratégia horizontal

As empresas diversificadas terão dificuldade em atingir um desempenho global elevado simplesmente através da otimização dos resultados das suas várias unidades. Isto é particularmente verdade nas empresas em que a tomada de decisões é largamente descentralizada, o que prejudica a exploração das interconexões. Com efeito, os responsáveis das unidades formulam as suas estratégias sem a mínima concertação e podem mesmo seguir direcções incompatíveis. Para resolver este problema, é necessária uma estratégia horizontal explícita.

Isto requer uma formulação em várias fases. A primeira etapa consiste em identificar as interconexões existentes, encontrar as que existem fora da empresa, determinar as que existem com a concorrência e, finalmente, avaliar a sua importância para a vantagem competitiva. Torna-se então possível desenvolver uma estratégia horizontal coordenada com o objetivo de explorar e reforçar as interconexões mais importantes.

É procedendo desta forma que uma estratégia de diversificação pode aumentar a vantagem competitiva em sectores já investidos ou criar uma vantagem sustentável em novos sectores.

No entanto, temos de ser cautelosos na procura de interligações. Não devemos ignorá-las, nem imaginar que a mais pequena semelhança superficial na tecnologia ou nos procedimentos é uma interconexão potencial.

Além disso, mesmo as interconexões que oferecem benefícios reais podem revelar-se difíceis de implementar. É o caso quando os benefícios proporcionados não são (ou não parecem ser) partilhados equitativamente entre as unidades. Os gestores das unidades podem também recear uma perda de autonomia, especialmente se a cultura da empresa tem sido, até à data, de grande descentralização, com cada divisão a ter a sua própria identidade.

Para ultrapassar estes obstáculos e resistências, o autor propõe a implementação de uma organização horizontal. Esta organização liga as unidades numa estrutura vertical, facilitando assim as interligações. Esta organização baseia-se em quatro elementos. A estrutura horizontal corresponde a uma divisão transversal em certos domínios, a um agrupamento de unidades ou a uma centralização parcial. Os sistemas horizontais implicam uma gestão transversal das decisões de planeamento, de controlo e de investimento. As práticas horizontais de recursos humanos são concebidas para facilitar a cooperação. Por último, podem ser necessárias estruturas horizontais de resolução de conflitos. A combinação destes elementos horizontais com uma estrutura vertical (embora não uma estrutura matricial) parece suficientemente inovadora para o autor falar de uma nova forma de organização.

C. Produtos complementares

Trata-se de um caso especial de interconexão, em que um produto é utilizado para complementar outros. Os produtos complementares são, portanto, uma forma de ligação entre sectores. [19]A sua existência exige uma escolha entre três práticas.

O controlo direto dos produtos complementares permite que a empresa ofereça toda a gama de produtos complementares. Pode reforçar uma vantagem competitiva tirando partido das interconexões ou de uma maior diferenciação através de uma oferta completa. Infelizmente, as interligações nem sempre existem ou alguns dos sectores envolvidos podem não ser atractivos. Em todo o caso, existem normalmente tantos produtos complementares que a única solução é concentrar-se nos mais estratégicos.

O agrupamento é a venda de produtos complementares exclusivamente em blocos. Esta prática não é óptima, uma vez que dá uma resposta única a todas as necessidades dos clientes. As interconexões e a diferenciação acrescida podem certamente torná-la interessante. No entanto, continua a existir o risco de os clientes poderem eles próprios recolher os lotes junto de empresas especializadas que oferecem os artigos em condições mais favoráveis. Este risco tende a aumentar à medida que os clientes adquirem o domínio da tecnologia e, por conseguinte, a capacidade de comprar artigos individuais.

Por último, na subvenção cruzada, a empresa vende um produto de base em condições que facilitam a venda de produtos complementares mais rentáveis. Tal pressupõe uma elevada sensibilidade ao preço para o produto de base, mas uma sensibilidade baixa para o produto rentável, bem como uma relação estreita entre os dois. É claro que existe o risco de o cliente comprar apenas o produto de base, enquanto as condições acima mencionadas podem desaparecer à medida que o sector evolui. Neste caso, a empresa deve estar preparada para abandonar as subvenções cruzadas.

11.7.1.3. Implicações estratégicas

O autor conclui este livro desenvolvendo o impacto do raciocínio anterior na estratégia competitiva. Dá algumas ideias sobre como lidar com a incerteza, bem como sobre estratégias ofensivas e defensivas.

A. O papel dos cenários sectoriais

Até aos anos 80, os cenários desenvolvidos pelas empresas centravam-se nos factores macroeconómicos e macro-políticos. No entanto, estes cenários macro não são pertinentes para a análise de um sector específico. Surgiu assim a necessidade de cenários sectoriais.

Há várias fases no processo de desenvolvimento de uma visão coerente do que o futuro pode reservar. Em primeiro lugar, são identificadas as incertezas susceptíveis de influenciar a estrutura do sector e são determinados os factores causais. As hipóteses relativas a estes factores são então combinadas para produzir cenários coerentes. Resta então analisar as implicações de cada um dos cenários (estrutura do sector, fontes de vantagem competitiva ou comportamento dos concorrentes). Existem, evidentemente, circuitos de retorno entre estas diferentes fases.

Uma vez elaborados os cenários, a empresa tem cinco opções. Pode apostar no cenário mais provável ou no que lhe é mais favorável. Pode também escolher uma estratégia que seja viável qualquer que seja o cenário (mas este compromisso nunca é ótimo), ou uma estratégia que lhe permita manter uma flexibilidade suficiente até que um dos cenários se concretize. A última solução consiste em utilizar os nossos recursos para favorecer a concretização de um dos cenários.

Uma vez que estas soluções não se excluem mutuamente, é por vezes útil combiná-las ou passar de uma para outra.

B. Estratégias defensivas

Uma estratégia concebida para se defender de um novo operador é evolutiva. De facto, corresponde ao grau de progresso do novo operador no seu plano de conquista do mercado.

A primeira etapa consiste em efetuar estudos para conhecer melhor o mercado futuro. Segue-se a fase de entrada efectiva, acompanhada de investimentos destinados a construir uma posição viável. Segue-se a aplicação da estratégia a longo prazo. Por último, a fase de pós-entrada implica investimentos destinados a consolidar a posição da empresa.

Quanto mais avançado for o processo do novo operador, mais elevadas serão as barreiras à saída (devido aos esforços financeiros envolvidos) e mais dispendiosa será a estratégia defensiva. As tácticas defensivas mais eficazes serão, por conseguinte, as que desencorajam as tentativas, em vez das que visam expulsar uma empresa que está muito avançada no seu processo. Isto pode ser conseguido reforçando as barreiras à entrada (preenchendo as lacunas existentes na gama, aumentando os custos de conversão para os clientes ou aumentando os requisitos de capital, etc.) ou aumentando a expetativa de uma resposta (sinalizando a vontade de defender, mostrando claramente os possíveis obstáculos, acumulando recursos). É igualmente possível reduzir o incentivo ao ataque através da redução dos lucros do sector.

Em todo o caso, a melhor estratégia defensiva consiste em dissuadir qualquer ataque. Se esta falhar, teremos certamente de passar a uma estratégia de reação, mas sempre com o objetivo de alterar a perceção que o novo operador tem do sector e das suas possibilidades de sucesso.

C. Estratégias ofensivas

Uma estratégia ofensiva não deve, sobretudo, consistir numa política de imitação do líder, mas, pelo contrário, basear-se numa vantagem competitiva sustentável (quer em termos de custos, quer de diferenciação).

Por outro lado, terá de estar próximo do líder noutras actividades geradoras de valor. Caso contrário, a sua vantagem competitiva não será suficiente para compensar a do líder.

Na prática, o atacante pode atuar de três formas.

Ao remodelar a cadeia de valor, pode realizar certas actividades de forma diferente. Esta solução é viável se se revelar difícil de imitar pelo líder.

A redefinição do campo da concorrência assumirá a forma de um alargamento para explorar as interconexões ou de um estreitamento para servir apenas um determinado alvo com uma cadeia de valor optimizada.

Estas duas primeiras estratégias têm a vantagem de dificultar frequentemente a reação do líder, obrigando-o a ir contra a sua estratégia habitual para se defender.

Por fim, gastar em excesso é a opção mais simples, mas também a mais arriscada.

11.8. NORMALIZAÇÃO INTERNACIONAL

11.8.1. Definições

- A ISO 9001 define os critérios aplicáveis a um sistema de gestão da qualidade. É a única norma da família ISO 9000 que pode ser utilizada para a certificação (embora não seja uma obrigação). Qualquer organização, grande ou pequena, independentemente do seu domínio de atividade, pode utilizá-la.
- A norma ISO 9001 é internacional e de carácter geral. É um guia para a gestão e organização de uma empresa ou organização, sem definir soluções prontas a utilizar. Assim, cada um pode adaptá-la à sua própria cultura e às suas melhores práticas.
- A ISO 9001 é uma norma de sistema de gestão.

Os seus requisitos abrangem uma série de princípios de gestão:

- Foco no cliente,
- Liderança,
- Participação do pessoal,
- A abordagem processual
- Melhoria
- A abordagem baseada em provas para a tomada de decisões,
- Relações mutuamente benéficas com os fornecedores
- Os resultados, ...
- A ISO 9001 é um manual ou guia que reúne todas as boas práticas para gerir

uma empresa e garantir a satisfação do cliente.

11.8.2. As vantagens da ISO 9001

Independentemente do tipo ou da dimensão da empresa (PME, grande grupo) ou do seu sector de atividade (empresa de serviços, banco, organismo privado ou público, etc.), qualquer empresa pode obter a certificação. Os requisitos da norma centram-se na organização e não no seu sector de atividade.

11.8.3. Elaboração de normas

Os peritos das autoridades públicas, do ensino superior, da indústria e de cada país membro da ISO apresentam propostas de normas.

Eles próprios são selecionados pelos membros da ISO. Estes últimos aprovam ou rejeitam as propostas de normas dos peritos.

11.8.4. Contribuição da ISO 9001 para a empresa

Os princípios de gestão permitem à empresa garantir aos clientes produtos e serviços homogéneos e de elevada qualidade.

É uma forma de mudar radicalmente a forma como trabalhamos e de melhorar os nossos métodos de trabalho. É uma forma de motivar o pessoal e estabelecer uma cultura de melhoria.

A norma ISO 9001 permite-lhe detetar erros, disfunções e problemas na empresa.

Periodicamente, as empresas serão encorajadas a dar um passo atrás em relação às suas organizações e objectivos e a fazer um balanço.

A certificação é reconhecida mundialmente, o que facilita a penetração em mercados de todo o mundo.

Por conseguinte, a norma confere confiança à empresa e envia sinais positivos aos clientes, garantindo a qualidade dos produtos e serviços.

No mundo atual, estes dois critérios tornaram-se muito importantes para a sobrevivência de uma empresa. A este critério junta-se o do respeito pelo ambiente, que leva cada vez mais clientes a utilizar produtos ou serviços que tendem a preservá-lo.

11.8.5. Certificação ISO

Para obter a certificação, deve ser concluído um ciclo de auditoria de 3 anos.

No primeiro ano, a empresa será submetida a uma auditoria completa e, nos dois anos seguintes, enviará um dossier ao organismo de certificação, que decidirá se emite ou não o famoso sésamo. O certificado é válido por 3 anos.

1. Garantir a qualidade através da certificação ISO

Certificação ISO para garantir a conformidade:

- Um produto ;
- Um serviço ;
- Uma organização ;

• Um processo.

Uma empresa certificada é aquela que cumpre os requisitos regulamentares para a certificação ISO.

A Organização Internacional de Normalização define a certificação ISO como "um procedimento através do qual uma terceira parte garante por escrito que um produto, processo ou serviço está em conformidade com os requisitos especificados numa norma".

2. Certificação ISO e família de normas

As certificações ISO são normas de gestão da qualidade. Segue-se um quadro que resume as diferentes famílias de certificações ISO:

Quadro 6: Certificação das normas ISO

Família ISO	**Domínio de ação**
ISO 9000	Sistemas de gestão da qualidade e respectiva terminologia
ISO 9001	Os requisitos dos sistemas de gestão da qualidade e as obrigações das empresas certificadas
ISO 9004	Diretrizes de gestão da qualidade para a melhoria contínua
ISO 10011	Orientações para a realização de auditorias de controlo da qualidade
ISO 14001	Orientações para respeitar o ambiente

11.9. INFORMAÇÕES SOBRE A CERTIFICAÇÃO ISO

• A Organização Internacional de Normalização não emite a certificação ISO. Os organismos especializados são responsáveis pela certificação das empresas, sendo o mais conhecido em França o COFRAC.

• A certificação ISO é válida por 3 anos. Para prolongar a certificação, as empresas devem submeter-se a um controlo de qualidade ou a uma auditoria de qualidade.

• As certificações ISO garantem os processos utilizados para produzir um produto ou serviço, mas não o produto ou serviço em si.

11.10. IMPORTÂNCIA DA NORMALIZAÇÃO

A utilização das normas ISO 9001, ISO 14001 e ISO 18001 é essencial para responder às exigências internacionais. Naturalmente, é também essencial para a empresa garantir que o sistema de criação global não sofra de injustiças ligadas quer a classes sociais quer, ainda menos, a injustiças geográficas.

11.10.1. ISO 14001: Análise ambiental

No caso das zonas rurais, a análise ambiental baseia-se no equilíbrio dos problemas enfrentados pelas estruturas rurais em comparação com as suas congéneres urbanas.

11.10.2. ISO 18001: Condições sociais e de trabalho

Uma organização não pode, em caso algum, funcionar sem recursos financeiros, e estes recursos provêm das contribuições proporcionais dos seus beneficiários. O pagamento de eventuais direitos aos trabalhadores e aos contribuintes deve ser renovado em condições sociais susceptíveis de gerar receitas. Isto exige :

- Emprego rentável e redução do desemprego;
- Competências empresariais (actividades familiares geradoras de rendimentos) ;
- Investidores produtivos.

Em suma, a ISO 18001 é a norma que visa analisar as condições de trabalho e sociais não só dos beneficiários, mas também dos prestadores de serviços, cujos maus tratos afectam a qualidade dos seus serviços em detrimento dos beneficiários (poder de compra, desemprego ou outras situações sociais profissionais face ao custo de vida).

11.11.O MODELO DE GESTÃO DO DESEMPENHO (Ball Ball)

Gestores, como Philippe Lorino, citado pelo Professor Bernadin Mbol. No seminário sobre gestão do desempenho, ele descreve o desempenho como "tudo o que, na empresa, contribui para a realização dos objectivos estratégicos".

Neste sentido, seria razoável admitir que o desempenho da empresa existe essencialmente para atingir objectivos programáticos.

Estes objectivos baseiam-se na solidariedade financeira e na redução dos riscos no local de trabalho, com o objetivo de contribuir para a luta contra a pobreza.

- Neste sentido, ser preformante é atingir objectivos estratégicos e múltiplos (por exemplo, a eficiência, a pertinência ou a eficácia das acções empreendidas por uma mútua cesariana).

Gimbert (1980) coloca o desempenho no centro do triângulo: triângulo do desempenho

Figura 5: Triângulo de desempenho

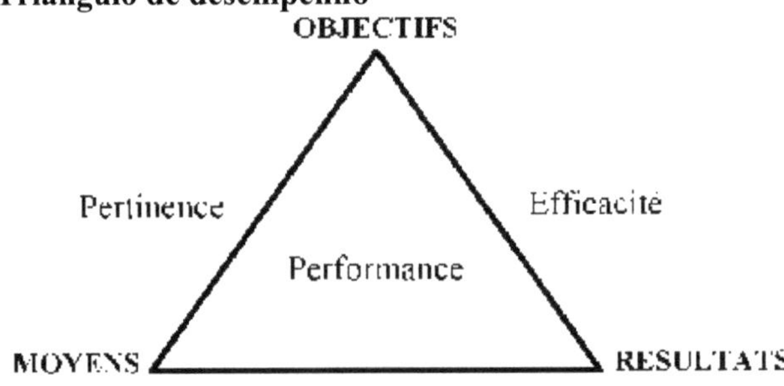

Eficiência

O segmento entre objectivos e resultados define a **eficácia**: a mutualidade é suficientemente eficaz para atingir os seus objectivos?

O segmento entre resultados e meios define a **eficiência**: a mutualidade CONSEGUE atingir os seus objectivos a um custo mais baixo?

O segmento entre meios e objectivos indica a **relevância**: a mútua está a dotar-se dos meios adequados para atingir os seus objectivos?

Este triângulo de desempenho é utilizado pelas empresas e por outros tipos de organizações, e tem demonstrado regularmente o seu valor **em empresas de elevado desempenho.**

No entanto, atualmente, esta ferramenta corre o risco de criar perturbações para o operador. De facto, este sistema de ciclo curto não coloca a pessoa suficientemente num lugar de dimensão e tempo humanos. Esta distorção da dimensão humana pode ter efeitos nefastos, como a doença socioprofissional, a depressão, etc., que resultam do facto de a pessoa não encontrar o seu lugar no sistema. É por isso que a ergonomia não é a questão aqui.

II.12. ESTILOS DE GESTÃO

Apresentamos aqui como a autonomia pode ser desenvolvida através da gestão contextual.

11.12.1 . Triângulo de gestão autónoma

Perante situações mais complexas, a capacidade de iniciativa e a autonomia dos trabalhadores tornam-se activos competitivos cruciais. Os gestores desempenham um papel essencial no desenvolvimento da autonomia, adaptando o seu estilo de gestão ao do seu pessoal.

O triângulo do desempenho

Os níveis de autonomia baseiam-se em 3 critérios:

1. O que a pessoa sabe fazer: os seus conhecimentos; as suas competências.
2. O que pode fazer: a sua margem de manobra e os meios de que dispõe.
3. O que ela quer fazer: o seu desejo, a sua motivação

Figura 6: Triângulo de gestão autónoma

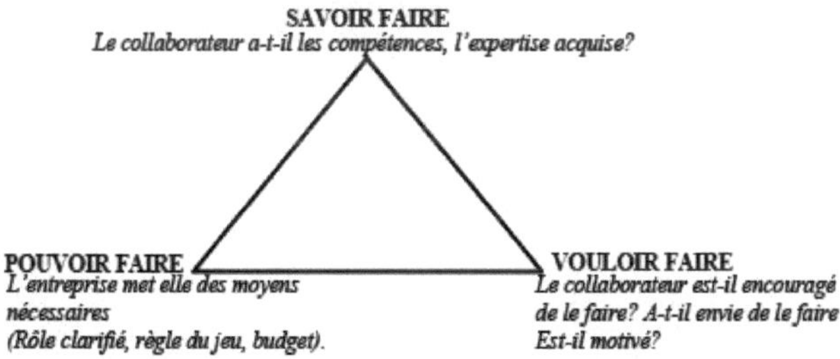

CONHECIMENTO

O trabalhador possui as competências e os conhecimentos necessários?

PODER DE FAZER

A empresa está a fornecer os recursos necessários?
(Esclarecimento do papel, regras do jogo, orçamento).

QUER FAZER

O empregado é encorajado a fazê-lo? Quer fazê-lo? Está motivado?

11.12.2 Gestão contextual

Gerir uma equipa significa gerir pessoas a todo o momento, de acordo com as tarefas específicas de cada pessoa e num ambiente em mudança.

A bússola de gestão permite-lhe escolher o estilo para cada trabalhador em função das suas necessidades e do seu grau de autonomia.

1. Bateria com duração muito reduzida

O trabalhador precisa de "saber". Este pode não ser o caso de um principiante ou de um recém-chegado que não conhece as técnicas ou a forma de fazer as coisas.

- O empregado não quer não sabe
- O gestor está diretamente envolvido neste processo
- O estilo de gestão é direto.

Trata-se, no fundo, de um estilo temporário, de valor inestimável em situações de emergência.

2. Pouca autonomia

O trabalhador começa a "saber" e a "ter". Desenvolve as suas competências e sente-se motivado pelo seu trabalho. O gestor desenvolve a cooperação e pode envolver-se pessoalmente, trocando e confrontando conhecimentos e ideias, valores e convicções.

O estilo de gestão é mais persuasivo.

É um estilo que deixa espaço para a iniciativa do trabalhador, mantendo-se firme nos objectivos a atingir. Partilhamos, trocamos, discutimos, mas as grandes decisões continuam a ser da responsabilidade do gestor.

Perigo: demasiado utilizado, é um estilo stressante. Podemos discutir a forma, mas é utópico e ilusório discutir o frio - valores, resultados a atingir...

3. Gama média

Os trabalhadores têm a capacidade de inovar, porque estão habituados a participar na tomada de decisões.

O gestor trabalha no eixo da cooperação através da desvinculação.

O estilo de gestão é associativo.

É um estilo que lhe permite participar nas decisões e dar o seu próprio contributo.

O gestor aceita decisões que ele próprio não teria tomado, desde que os objectivos sejam alcançados.

Perigo: o objetivo é ser um membro decisor e não permitir que sejam tomadas decisões ou que sejam tomadas decisões que já foram tomadas ou que não têm interesse.

4. Forte autonomia

Os trabalhadores já são competentes e autónomos: têm os meios para tomar decisões por si próprios e já o fazem. O gestor delega responsabilidades e tarefas.

É discreto e fornece acompanhamento e assistência a pedido.

O estilo de gestão é organizacional.

Estão em vigor procedimentos de reunião, se necessário. O controlo é assegurado por painéis de controlo.

Perigo: não se trata de se isolar da equipa ou de fugir às suas responsabilidades.

5. Autonomia adquirida mas instável

Os trabalhadores adquiriram autonomia, mas quando confrontados com um sistema instável, já não sabem o que fazer. A mudança revela a necessidade de competências diferentes e desafia as existentes.

A direção tem de aumentar o seu nível de envolvimento e participação.

Alarga o leque de opções de decisão através da regulamentação. Proporciona um apoio flexível.

O estilo de gestão é a negociação face à situação e ao ambiente.

Neste caso, o gestor pode recorrer à negociação para prestar apoio. Perigo: depois de a mudança ter sido implementada, saber como voltar a apoiar os trabalhadores num estilo organizacional.

11.13. ORGANIZAÇÃO, COORDENAÇÃO E GESTÃO DA EQUIPA DE PRODUÇÃO

Sendo um elemento crucial na determinação do preço de venda, permite a transmissão de instruções e regras a aplicar aos membros da equipa de produção. A distribuição, a organização e o planeamento do trabalho na equipa de produção, a definição das necessidades de formação e o apoio à formação, seguidos do desempenho individual e coletivo da equipa, a liderança e a motivação da equipa e a gestão de dificuldades e conflitos.

Numa organização, as equipas não são verdadeiramente objectos fixos. Nascem, desenvolvem-se paralelamente à empresa e vivem uma história real dentro da empresa, pelo que o trabalho de motivação e de coesão das equipas não é negligenciável na vida dos grupos. Com efeito, estamos convencidos de que uma equipa que trabalha harmoniosamente em conjunto é infinitamente mais produtiva do que uma que não o faz.

11.13.1 O que é uma equipa

Quando se fala de gestão de equipas, a noção de equipa é muito importante e deve ser tida em conta em todos os seus aspectos. De facto, fala-se de equipa quando o trabalho é feito absolutamente em conjunto. [21]Para tal, é necessário um certo número de elementos, nomeadamente competências individuais complementares, interação entre os diferentes membros do grupo e uma vontade clara de cooperar.

Convém igualmente notar que o conceito de equipa apela a um certo número de regras de organização e de modelos de representação. Tem também em conta uma visão multidisciplinar, aprendendo a olhar para os problemas de vários ângulos.

Para produzir um trabalho de qualidade, uma equipa deve, acima de tudo, demonstrar uma certa maturidade profissional. Para isso, é necessária uma formação em gestão para criar uma exigência colectiva de qualidade. Para medir a maturidade de uma equipa, são frequentemente tidos em conta três critérios: coesão, comunidade e ética.

11.13.2 Gestão de equipas

A importância da motivação na gestão de equipas A motivação é um conceito muito importante que deve ser sempre realçado. A boa motivação das equipas multiplica sempre o desempenho, enquanto o contrário desperdiça energia. Por isso, é interessante notar que existem dois princípios essenciais no funcionamento de uma equipa:

Produção e regulamentação

Os que produzem não são necessariamente os que regulam e vice-versa. Em cada equipa, todos estão mais ou menos dispostos a assumir uma ou outra função. O trabalho em grupo permite que os membros vejam toda a gama de problemas funcionais e até emocionais e se envolvam na sua resolução.

A gestão de equipas é a chave para criar uma verdadeira dinâmica de grupo.

11.13.3 Papel do gestor de equipa

Qualquer que seja a dimensão da equipa ou do departamento (vendas, comercial, marketing, etc.), para atingir os objectivos estratégicos definidos pela sua direção, os gestores têm de comprar os talentos a seu cargo da forma mais justa possível.

Actua como elo de ligação entre a direção e os colaboradores. Para além de ter uma verdadeira capacidade de compreender os desafios estratégicos da empresa, deve também ser capaz de transmitir essa visão à sua equipa, de sintetizar ideias e de comunicar eficazmente.

O seu papel principal é também o de conhecer :

Fazer a ponte entre a gestão de topo e os diferentes membros do pessoal: assegurar o respeito dos valores da empresa, o seguimento da estratégia, a eficácia das mensagens, o respeito do orçamento e a realização dos objectivos,

---

[21] Jacques - Daniel ROCHAT, Creer et gerer eme entreprise, Edition ROC Paris 2010.

transmitir a informação ao terreno, assegurar a mobilização do pessoal, propor acções, ideias e projectos inovadores, assegurar a realização dos objectivos fixados, tanto em termos materiais como humanos: rever, integrar e orquestrar os talentos, dar ao pessoal os meios para realizar as tarefas exigidas e assegurar a sua realização;
Partilhar uma visão mais ampla: transmitir os valores da empresa, explicar as razões dos projectos no seu conjunto (ao nível da equipa, do departamento ou da empresa no seu todo);
Dar sentido às diferentes missões: implementar uma dinâmica e uma inovação óptimas, cuidar do bem-estar no trabalho, reduzir as tensões, os conflitos e a rotação...
Ajudar a equipa a progredir: tanto a nível individual (através de um acompanhamento personalizado, de uma formação específica ou do incentivo à autonomia e à tomada de decisões, etc.) como a nível coletivo, incentivando a inteligência colectiva e a cooperação.

11.13.3.1 As chaves para uma gestão de equipas eficaz

Para desempenhar o seu papel da forma mais eficaz possível, o gestor deve possuir uma série de competências e aptidões, regidas, mais uma vez, pelo bom senso!
Organizar, ser capaz de fazer coisas, os gestores têm de saber organizar o seu trabalho e o seu tempo da melhor forma possível. Devem ser capazes de orquestrar as tarefas e planear o futuro, mas também de antecipar e gerir os imprevistos (ausência ou partida de um trabalhador, problemas logísticos ou materiais, atrasos nas entregas, interrupções inoportunas, tensões de mercado, etc.), que podem pôr de rastos toda uma equipa se forem tratados de forma inadequada ou completamente ignorados.

11.13.3.2 Comunicação

A comunicação é a base de qualquer relação saudável. Os gestores têm de formular as suas exigências de forma eficaz para que o seu pessoal execute as tarefas e atinja os objectivos estabelecidos, mas também têm de permitir que o seu pessoal se exprima livremente, exponha as suas ideias, necessidades, propostas, pensamentos, sentimentos, etc., de forma a poder tomar as suas próprias decisões.

11.13.3.3 Os gestores precisam de saber como :

- Ouvir com atenção: se quer ser ouvido e fazer passar a sua mensagem de forma eficaz, a primeira coisa que tem de fazer é ouvir.
- Dar e receber feedback regularmente: fazer o ponto da situação, fazer ajustes se necessário, permitir que todos melhorem diariamente. A crítica construtiva permite que todos - gestores e empregados - avancem.

11.13.3.4 O enquadramento correto

Seria um erro ter um estilo de gestão linear, seja qual for a situação. Os gestores têm de ser capazes de adaptar o seu estilo de gestão ao contexto, às pessoas com quem lidam, etc., para se manterem no caminho certo.

Existem diferentes estilos de liderança:

> Direto: baseado num modo que dá ao gestor o máximo de poder. A margem de manobra dos trabalhadores é muito reduzida, ou mesmo nula. Pode ser interessante em tempos de crise, por exemplo, mas gera muito mal-estar nas equipas.

> Persuasivo: forte envolvimento do gestor na tomada de decisões, mantendo uma dimensão humana na gestão.

> Delegativo: é dada uma grande margem de manobra aos trabalhadores, que são regularmente consultados para aconselhamento e tomada de decisões, e estão fortemente envolvidos na vida da equipa e da organização. Os objectivos são sempre muito eficazes e o gestor deve delegar a tarefa certa à pessoa certa.

> Participativa: a mais aberta e a mais humana: os trabalhadores são fortemente envolvidos na vida da equipa, em especial quando se trata de decisões transversais.

11.13.3.5 Motivar

Os gestores devem manter o seu pessoal tão motivado quanto possível e ser capazes de detetar quaisquer sinais de desmotivação logo que estes apareçam, de modo a poderem retomar a atividade o mais rápida e eficazmente possível. Devem ter em conta que as fontes de motivação variam de um indivíduo para outro, de um momento para outro. Alguns trabalhadores precisam de apoio e reconhecimento diários relativamente confidenciais para se sentirem tranquilos e progredirem, outros apreciam que o seu trabalho seja reconhecido perante toda a equipa e outros ainda são motivados por desafios, bónus, etc.

A motivação tem diferentes aspectos:

❖ Partilhar a sua visão com entusiasmo

❖ Dar o exemplo, ser real

❖ Dar sentido

❖ Incentivar, valorizar, reconhecer e recompensar o esforço, o trabalho e o sucesso...

❖ Envolver as pessoas, atribuir-lhes responsabilidades, dar-lhes poder, etc.

11.13.3.6 Melhorar

O diretor encoraja, valoriza e reconhece o trabalho, os esforços, os talentos e as competências de cada indivíduo. Permite que todos se desenvolvam e melhorem. [22]Incentiva o trabalho em colaboração para dar mais sentido às missões individuais e colectivas.

11.13.3.7 Ser autêntico

Sendo fiel a si próprio, mantendo a sua personalidade e respeitando os valores e as práticas da empresa, o gestor cria laços com os membros da equipa e promove boas relações entre os seus colegas, a fim de estabelecer um clima de confiança mútua. Não é um super-homem ou um robot, mas alguém capaz de admitir que não sabe tudo e que pode cometer erros se necessário. Deve também ser capaz de mostrar indigência, tolerância e empatia para com os seus colegas.

11.13.3.8 Reforçar a equipa

Os projectos só verão a luz do dia se a equipa estiver unida, se cada um fizer o seu trabalho, apoiando os seus colegas sempre que necessário. Porque é um facto bem conhecido: "sozinhos vamos mais depressa, juntos vamos mais longe". O papel do gestor é, portanto, desenvolver a coesão e a cooperação da equipa.

Para melhorar a coesão das equipas, existem ferramentas como o team building. Utilizadas corretamente, ajudam a unir um grupo e a reforçar o espírito de equipa e a motivação colectiva.

11.13.3.9 Inspirar

O gestor deve ser o motor da equipa, liderando, dando o exemplo e envolvendo todos os seus colegas na sua dinâmica. Benevolência, respeito, autoridade e flexibilidade são essenciais no quotidiano.

Liderar pelo exemplo não significa ser intocável e ter sempre razão, possuir a ciência infalível. Os gestores têm de ser capazes de ouvir críticas, questionar-se a si próprios e admitir quando estão errados.

11.13.3.10 Dizer não

O gestor deve saber enquadrar, reenquadrar e, se necessário, dizer não com firmeza. O respeito não se ganha dizendo sempre que sim, mas sim sendo capaz de recusar educadamente mas com firmeza quando necessário.

Dizer "não" é um sinal de respeito não só por si, mas também pelos outros. Enquanto gestor, dizer não demonstra auto-confiança e afirma a sua posição de líder.

11.13.3.11 Gerir conflitos e mudanças

Estes são dois exercícios que não podem ser improvisados e com os quais todos os gestores se deparam pelo menos uma vez na sua carreira. Têm de ser capazes de detetar quaisquer sinais de tensão na sua equipa, decifrar e analisar as causas e agir adequadamente antes que a situação se agrave e fique fora de controlo.

---

[22] Prof. Angel ONSIN N'saman, A liderança, como função de organização e de comando CEPROMAD, DEA, 2020 pp 39 - 78

Além disso, qualquer tipo de mudança é um processo que requer apoio. As fases pelas quais um indivíduo passa quando uma mudança é anunciada são imutáveis, e algumas podem ser desagradáveis. Em função da personalidade e da experiência do trabalhador, do contexto e da amplitude da mudança, o gestor deverá ser prudente e adaptar o seu estilo de gestão e de apoio.

11.13.3.12 Ferramentas de gestão

- Gestão do tempo e das prioridades
- Técnicas de repetição
- Realização de reuniões
- Entrevistas (motivacionais, profissionais, de recrutamento)

O chefe da equipa de produção supervisiona a execução das operações de produção, atribui os recursos necessários de acordo com os requisitos e verifica os resultados.

Utilizar as ferramentas com moderação. Verifica a qualidade dos produtos, o respeito pelos procedimentos (normas, regras de rastreabilidade, qualidade, higiene, segurança e respeito pelo ambiente) e as especificações dos clientes.

II PARTE

MODELO DE GESTÃO ECONÓMICA

CAPÍTULO III. CONCEITO DE ENERGIA

111.1. CONCEITO DE ENERGIA ELÉCTRICA

A energia eléctrica é a mais importante de todas as energias. Desde a sua produção até à sua utilização, há toda uma cadeia de conversão, eletromecânica, electromagnética e eléctrica, a considerar.

Embora o conceito de energia seja omnipresente, mesmo na vida quotidiana, revela-se muito difícil de definir com precisão.

❖ **Definição**

A energia de um sistema representa a sua capacidade de modificar, através da interação, o estado de outro sistema.

A energia, um conceito abstrato, provém da palavra grega "ENERGIA" que significa força em ação. Por outras palavras, a capacidade de produzir movimento.

O conceito de energia não é fácil de definir, porque a energia não se perde enquanto tal. Simplificando, a energia é o que deve ser dado aos sistemas funcionais, ou seja, aos sistemas que trabalham para produzir um esforço.

A energia apresenta-se sob diversas formas: cinética, química, solar, eólica, hídrica, eléctrica, nuclear, mecânica, potencial e térmica. Graças à entrada de energia, os sistemas podem produzir radiações visíveis ou invisíveis (por exemplo, lanternas, rádios, etc.), aquecer (por exemplo, placas de aquecimento, esquentadores, etc.) e pôr-se em movimento (por exemplo, alternadores, turbinas, etc.).

O dicionário Larousse dá a seguinte definição de energia:

Grandeza que caracteriza um sistema físico, que mantém o mesmo valor ao longo de todas as transformações internas do sistema (lei da conservação) e que exprime a sua capacidade de modificar o estado de outros sistemas com os quais interage.

A energia é um elemento fundamental da nossa sociedade moderna: é produzida, transformada e armazenada.

Há muitas analogias, exceto que as nossas manipulações energéticas podem perturbar seriamente o nosso ambiente, porque as nossas exigências em termos de transporte e conforto significam que as nossas necessidades energéticas estão a aumentar a um ritmo desmesurado.

Desde os primórdios da humanidade que queimamos combustíveis: primeiro a madeira, depois os fósseis (carvão, petróleo, gás) e, por fim, o urânio. Há pouco mais de um século, surgiu a eletricidade, uma forma moderna de energia.

111.2. TRANSFORMAÇÕES ENERGÉTICAS

A energia é, portanto, uma grandeza mensurável, que se manifesta no decurso das suas transformações, ou seja, no decurso da sua passagem de uma forma

para outra.
Exemplo: Numa lanterna, a energia química fornecida pela pilha é transferida para o filamento da lâmpada através do fluxo de uma corrente eléctrica. Isto faz com que a lâmpada aqueça e incendeie.
A energia pode ser transferida a partir de 4 fagões:

- Através de trabalho elétrico - circulação de uma corrente eléctrica (exemplo anterior),
- Através de trabalhos mecânicos,
- Através do calor,
- Através da radiação.

A energia sofre uma cadeia de transformações quando passa de um sistema para outro, ou quando é modificada dentro do mesmo sistema.
Por exemplo: No nosso mundo moderno, consumimos muita energia interna em reacções químicas (combustão) ou nucleares. Transformamos esta energia em energia mecânica em motores térmicos. Utilizamos esta energia sob esta forma ou, após transformação, sob a forma de energia eléctrica.

111.3. PRINCÍPIO DA CONSERVAÇÃO DA ENERGIA

Qualquer aumento (ou diminuição) na energia de um sistema é acompanhado por uma diminuição (ou aumento) igual na energia de outros sistemas. Não existe criação espontânea de energia.

Fontes de energia

Uma fonte de energia refere-se a todos os fenómenos dos quais se pode extrair energia. Estas fontes podem ser naturais (designadas por fontes de energia primária) ou artificiais.
Neste último caso, estamos a falar de fontes de energia secundárias.
A energia primária é a energia disponível no ambiente que pode ser diretamente explorada sem transformação. Tendo em conta as perdas de energia em cada fase de transformação, armazenamento e transporte, a quantidade de energia primária é sempre superior à energia final disponível.
Existem muitas fontes de energia primária:

- Petróleo bruto;
- Gás natural ;
- Combustíveis sólidos (carvão, biomassa) ;
- Radiação solar ;
- Energia eólica;
- Energia geotérmica.

Portanto, trata-se essencialmente de energia térmica e de energia mecânica.
Assim, a energia mecânica produzida por um moinho de vento é energia primária. Por outro lado, se esta energia mecânica for convertida em

eletricidade, a energia eléctrica produzida é considerada como eletricidade, a energia secundária, uma vez que é obtida por transformação.

Estas fontes de energia podem ser renováveis ou não renováveis.

As fontes de energia não renováveis são fontes de energia que desaparecerão um dia devido ao facto de as suas reservas na terra serem limitadas. Trata-se das energias fósseis e cindíveis.

As energias fósseis são as derivadas da composição da matéria orgânica, principalmente vegetal, ao longo de milhões de anos.

Estes incluem o carvão, a turfa, a lenhite, a hulha, o petróleo e o gás natural.

As fontes de energia renováveis dependem de elementos que a natureza renova constantemente. São considerados inesgotáveis: o sol, a água, o vento, o calor, a madeira, etc.

111.4. ENERGIA ELÉCTRICA

A energia eléctrica é a mais limpa de todas as energias. Da produção à utilização, há toda uma cadeia de conversão, eletromecânica, eletromecânica e eléctrica, a considerar.

A eletricidade é um fenómeno físico devido às diferentes cargas eléctricas da matéria, expressas em energia.

[e]A eletricidade é uma parte natural do nosso ambiente, mas foi apenas durante o século XIX que as suas propriedades começaram a ser compreendidas.

O relâmpago foi a primeira manifestação visível da eletricidade para os seres humanos.

111.5. O PAPEL DA ENERGIA ELÉCTRICA

O papel da energia eléctrica no desenvolvimento económico dos conceitos já não precisa de ser provado. Desde a revolução industrial de 17802, baseada na utilização de novas fontes de energia, entre as quais a eletricidade, e considerada como a segunda revolução no mundo depois da agricultura ou do neolítico, a eletricidade tem vindo a alterar todos os hábitos da atividade humana.

De acordo com a literatura económica, o crescimento económico de um país está frequentemente ligado à nova disponibilidade de energia eléctrica em quantidade e qualidade, o que pode proporcionar novas oportunidades de emprego, investimentos mais eficientes em equipamentos de produção que incorporem novas inovações, avanços na saúde, educação e acesso a novas tecnologias de informação e comunicação e, consequentemente, um aumento do crescimento económico.

Para Rosenberg (1998), a eletrificação da indústria permite intensificar a produção através da automatização, o que tem por efeito melhorar a produtividade das formas. O crescimento económico pode, assim, conduzir a uma melhoria do bem-estar e a novos aumentos de rendimento, o que incentiva a população a adquirir aparelhos eléctricos a longo prazo. Assim, um aumento simultâneo da população e do número de aparelhos eléctricos pode levar a uma grande procura de energia eléctrica.

A África é considerada a região menos electrificada do mundo. Wolde Rural (2006) estima que a taxa de eletrificação na África Subsariana é de apenas 26%.

Segundo Reinikka e Svenson (2002), uma produção insuficiente ou uma infraestrutura de má qualidade afectam igualmente a reputação das empresas que não conseguem entregar as suas encomendas a tempo. Assim, a insuficiência do abastecimento de eletricidade desencoraja os potenciais investidores em actividades de produção dependentes da eletricidade e limita o desenvolvimento industrial local.

Ao longo dos últimos vinte anos, o sector da energia na RDC conheceu várias crises de gravidade variável, ligadas ao roubo de cabos, a ligações ilegais, à seca, agravada pela crise sociopolítica de 1998, e a longas pausas nos investimentos, que resultaram em enormes perdas de energia devido a equipamento obsoleto.

SECÇÃO I. DISTRIBUIÇÃO DE ENERGIA ELÉCTRICA

Antes de começar a determinar a rentabilidade deste projeto, é essencial ter um conhecimento básico da energia.

I.1 REDE ELÉCTRICA

1.1.1. Definição

Uma rede de eletricidade é um conjunto de sistemas de informação utilizados para transmitir energia eléctrica dos centros de produção aos consumidores de eletricidade.

Estrutura de uma rede eléctrica

Figura 7. Estrutura funcional de uma rede 220 V/380 V, da produção à distribuição

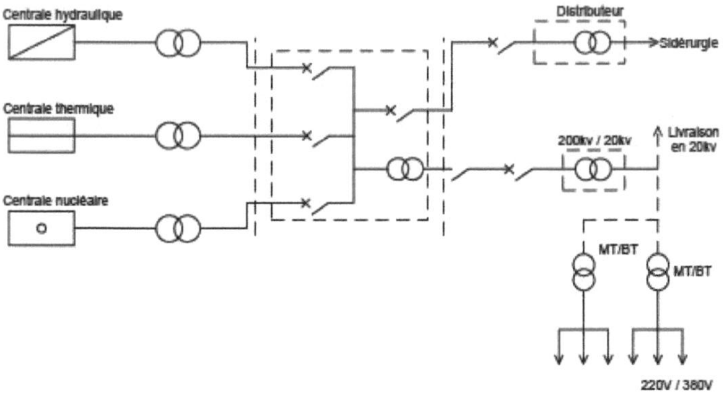

1.1.2. Tipos de redes eléctricas

As redes eléctricas são classificadas de acordo com os seguintes critérios

- A função a desempenhar ;
- A estrutura ;
- Tensão de funcionamento [24]

1.1.3. Em função da função a. A rede de transportes

A rede de transporte é de alta tensão (AT), de 70 kv a 220 kv, e tem por objetivo transportar a energia dos grandes centros de produção para as regiões consumidoras de eletricidade.

b. A rede de interconexão

A rede de interligação é uma rede à qual estão ligadas duas ou mais fontes.

c. A rede de distribuição

Trata-se de uma rede em que a energia eléctrica é distribuída com o mesmo nível de tensão.

d. A rede de distribuição

A rede de distribuição é a rede utilizada para distribuir a energia eléctrica aos diferentes consumidores.

I.1.4. De acordo com a estrutura

A estrutura da rede dá-nos uma ideia de como será utilizada e das várias opções de reserva em caso de falha.

Temos :

A. Estrutura de rede radial ou de antena

A rede radial é a forma mais simples de rede. As linhas desenvolvem-se como antenas a partir do posto de transformação, em cada nó da rede. Podem ser ligadas a consumidores. Todos os não-nós são alimentados por uma única linha. O custo de proteção deste tipo de rede é mínimo, graças à sua estrutura simples. A segurança, por outro lado, é rudimentar, uma vez que uma avaria numa linha e a abertura do disjuntor correspondente provoca a interrupção do fornecimento a todos os utilizadores a jusante. Mas tem a vantagem de ser menos dispendioso. É utilizado para BT em zonas com baixa densidade de carga. A segurança de abastecimento, embora inferior à da estrutura em malha, mantém-se elevada.

Figura 8: Diagrama esquemático de uma rede radial simples

[24] Wikipedia encyclopedie libre http//w.w.w.wikipedia.com/ reseau electrique.html.page.consultee, le 05/9/2021

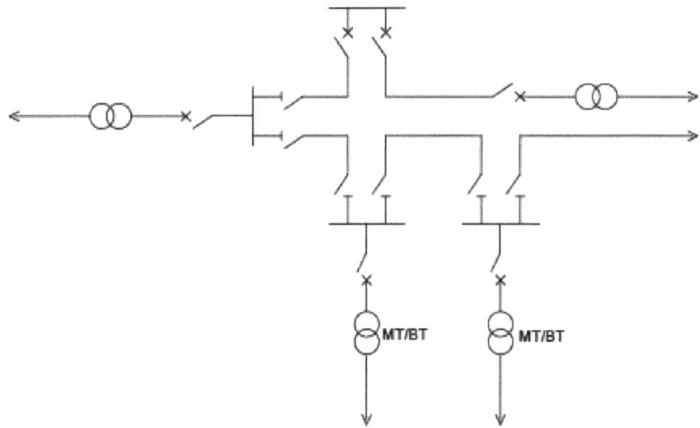

3. Rede de estrutura em malha

Uma rede em malha é uma rede em que todos os troncos de linha fazem parte de um laço; o gráfico de uma rede deste tipo assemelha-se a uma teia de aranha ou a uma rede, que é geralmente muito irregular. Todos os nós são alimentados por, pelo menos, dois lados.

Existem dois tipos de redes em malha:

a. Redes em malha com carga nodal

Quando todas as cargas servidas estão concentradas no nó da rede. São utilizados sobretudo na rede de transporte de alta tensão.

b. Redes com cargas distribuídas

Trata-se de uma rede em que as cargas são ligadas ao longo das linhas; são mais frequentemente utilizadas em redes de distribuição de baixa tensão. As redes em malha oferecem a máxima segurança, uma vez que qualquer dano num tronco de linha, que provoque a sua desenergização, apenas afectará as cargas ligadas a esse tronco.

c. Rede de estrutura de laços

Este tipo de abastecimento é o sistema de distribuição mais comummente utilizado em zonas urbanas. Como os utilizadores são alimentados por um circuito, a energia pode chegar por dois caminhos diferentes, pelo que a desativação de um tronco de linha num dos caminhos, deliberada ou não, não interrompe o seu abastecimento.

Os critérios que ligam duas fontes devem ser capazes de suportar sobrecargas permanentes no caso de uma das fontes ser retirada de serviço.[23]

Figura 9. Representação de um diagrama de circuito aberto

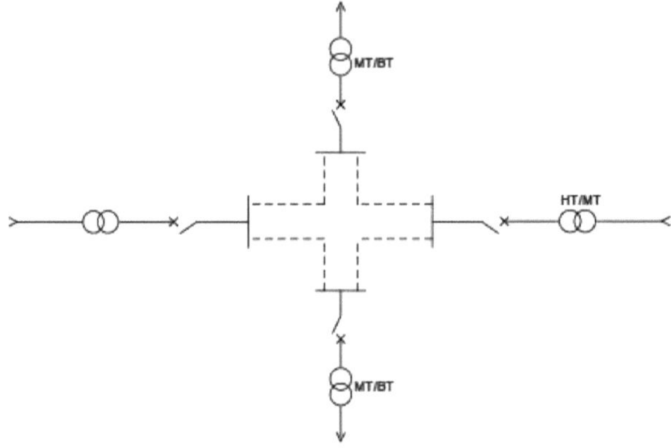

d. Rede de estrutura em árvore

Esta é a estrutura mais comummente utilizada para o nível de tensão mais baixo, ou seja, a distribuição de baixa tensão.

A segurança do aprovisionamento é reduzida, uma vez que uma avaria na linha ou na subestação provoca o corte de todos os clientes a jusante.

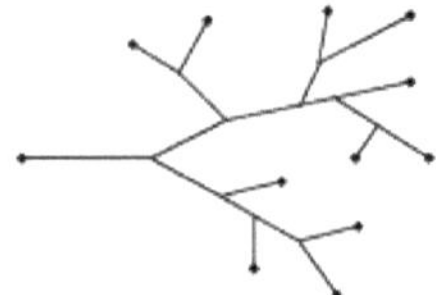

Figura 10: Rede de estrutura em árvore

2. Dependendo da tensão de funcionamento

A tabela abaixo ajudar-nos-á a compreender a categorização das tensões com base nos seus valores.

Tabela 7. Categorização da rede por tensão

Designação	**Em acrónimo**	**Valor das lussões**	
		Incentivar alternativo	**Corrente contínua**
Tensão muito baixa	T.B.T	De 0 a 50 V	De 0 a 120 V
Base de tensão	B.T.A	De 50 a 500 V	De 120 a 750 V
Base de tensão	B.T.B	Mais de 500 a 1000 V	De 750 a 1500 V
Média tensão	M.T	De 1000 a 3000 V	De 1500 a 7500 V
Alta tensão	H.T	De 30 KV a 220 KV	Mais
Tensão muito elevada	H.T.T	@220 KV	

SECÇÃO II. REDE DE DISTRIBUIÇÃO DA BT

O conhecimento da rede de distribuição facilitará a implementação do projeto.

11.1 Objetivo

O objetivo das redes de distribuição é abastecer todo o consumidor, ou seja, uma rede de distribuição de eletricidade é a parte de uma rede eléctrica que serve os consumidores.[25]

11.2 Caraterísticas de uma rede de distribuição BT

Esta rede caracteriza-se essencialmente pela forma como a distribuição é efectuada e pelo nível de tensão admitido.

A distribuição de BT pode ser efectuada de duas formas

- O sistema monofásico: tem dois fios, fase e neutro, e a tensão é de 220V.
- O sistema trifásico: tem quatro fios, incluindo três fios de fase e um fio neutro cuja tensão entre fase é 380V e a tensão entre fase e neutro 220V.

A rede de distribuição de baixa tensão é uma rede à qual estão ligados os utilizadores domésticos. A tensão utilizada na. Esta rede é classificada da seguinte forma:

- De 50 V a 500 V para a rede de baixa tensão A
- Mais de 500V a 1000V para redes BT de baixa tensão

II.3. Estrutura da rede de distribuição BT

A maior parte da rede de distribuição de baixa tensão é operada como uma antena e geralmente numa estrutura em árvore.

Algumas redes nas grandes cidades são exploradas para garantir uma melhor qualidade de serviço.

Figura 11: Rede de distribuição BT

24DIANKABU et NDJIBU Estudo crítico e proposta de melhoramento da rede de média tensão de l'unikin

25 Wikipedia enciclopédia livre.op.cit

11.4. Construção da rede de distribuição BT

A rede de distribuição de baixa tensão é constituída principalmente por por :

S Cabinas eléctricas ;

S Linhas eléctricas ;

S Estação de comutação.

11.4.1. Cabinas eléctricas

Definição de um táxi de MT/BT

Uma cabine de distribuição é um conjunto de equipamentos electromecânicos que protege e transforma a energia eléctrica para alimentar os clientes de baixa tensão a partir do alimentador de BT.

11.4.2 Tipos de cabina

As cabinas estão agrupadas em duas grandes famílias:

4- Cabanas exteriores ;

4 cabinas interiores

Dentro destas duas famílias principais, as cabinas MV/LV podem ser divididas em duas categorias:

- **A cabina de alvenaria**: Trata-se de uma cabina clássica de interior em que todo o equipamento é instalado numa sala de tijolo ou de betão.
- **Cabina compacta**: trata-se de uma cabina em que todo o equipamento está alojado numa caixa metálica.
- **A cabina ao ar livre (parte inferior do poste, parte superior do poste)**: trata-se de uma cabina de tipo exterior em que todos os componentes da cabina, dispostos separadamente em caixas de proteção, estão isolados e expostos ao ar livre.

Em termos de alimentação, temos :

- **Cabinas alimentadas por antena:** são alimentadas por uma única derivação, com um único cabo da subestação que alimenta a cabina; qualquer intervenção neste cabo provoca a interrupção da alimentação eléctrica da cabina.
- **Cabines de alimentação de loop-through simples:** são alimentadas por dois cabos de uma única subestação, e os dois cabos de alimentação juntos formam um loop.

$^{ere\ eme}$Este sistema permite isolar a 1 ^{ligação} para efeitos de manutenção, limitando a necessidade de alimentar os assinantes através de 2 ligações.

Para esta fonte de alimentação, é apenas a falha da fonte que corta a alimentação da cabina.

- **Cabinas com corte arterial de duplo circuito:** Este tipo de alimentação é conhecido como dupla derivação e é um sistema de distribuição que oferece uma grande continuidade de serviço. A cabina está ligada a dois ou mais cabos provenientes de fontes diferentes, um dos quais alimenta normalmente a cabina, sendo os outros reservados para a recarga da cabina em caso de falha na alimentação normal da cabina.

II.4.3. Métodos de ligação das cabinas

As cabinas estão ligadas como se mostra abaixo.

a) Ligação de rutura arterial

As cabinas são ligadas em série na rede através do barramento.

A continuidade da estrutura é assegurada pelos barramentos das cabinas que alimenta.

Figura 12: Esquema da ligação da rutura arterial

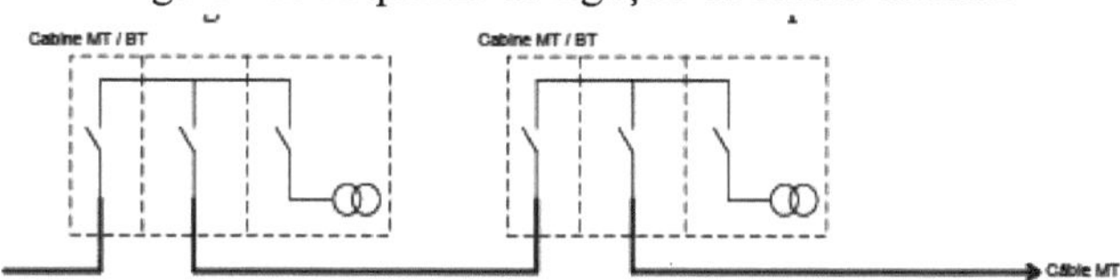

b) Ligação de dupla derivação

As cabinas são servidas por dois cabos colocados em paralelo, um para o trabalho e outro para o salvamento.

As cabinas estão equipadas com dois interruptores e um interrutor de subtensão que comuta automaticamente a alimentação eléctrica (trabalho) para a alimentação eléctrica de emergência em caso de falha na alimentação de trabalho.

Figura 13: Esquema da ligação do ramo duplo

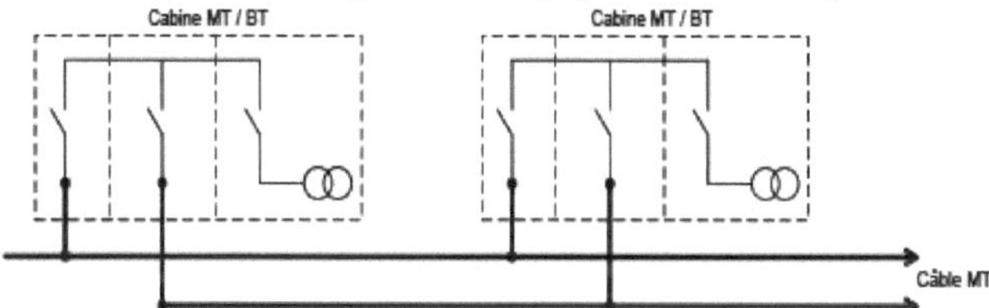

c) Ligação da antena

Com o princípio da ligação por antena, uma cabina só pode ser reabastecida a partir de uma fonte externa na sequência de um incidente ou de trabalhos no elemento da rede (apenas a alimentação eléctrica).

11.4. Criação de um cubículo MV/LV

Uma cabina de MT/BT é composta por três partes:

- Engenharia civil;
- A parte de média tensão ;
- A secção de baixa tensão.

a. Engenharia civil

A parte de engenharia civil de um táxi inclui a construção de

Construção da casa ;

A parte de média tensão de um cubículo ;

- **A cabina de alimentação de entrada**: tem por função assegurar a alimentação ou a separação entre a subestação de distribuição e a rede AT/MT. Está equipada com uma caixa de terminais e um seccionador de cabeça de cabo para uma cela de antena, dois seccionadores de cabeça de cabo e um seccionador de laço para celas ligadas em laço. O seccionador da célula de entrada está sempre fechado. Existe também um interrutor de isolamento nas cabinas de laço.
- **A cabina de loopback**: Esta cabina contém: o comutador de isolamento montado em derivação para fazer o loopback da rede, se necessário. Aqui os isoladores estão abertos e as duas células podem ser alimentadas por fontes diferentes.
- **A célula de proteção:** Esta célula está equipada com :
- Seccionador sobre disjuntor ou seccionador de corte em carga com fusível de alta capacidade de rutura de MT (fusível rupto) ;
- Relé de proteção magnetotérmica ;
- Disjuntor de média tensão.

A célula de medição e contagem: é constituída pelos seguintes equipamentos de medição:

- **Amperímetros:** utilizados para medir a intensidade de uma corrente eléctrica;
- **Voltímetros:** utilizados para medir a tensão ou o potencial;
- **Wattímetros:** utilizados para medir a potência ativa;
- **Varímetros:** utilizados para medir a potência reactiva;
- **Contador de energia:** utilizado para medir a quantidade de energia consumida.

Equipamento de medição: contadores de energia ativa e reactiva, bem como transformadores de potencial e de corrente (TP.TI).

- **Cela de transformador:** esta cela contém um ou mais transformadores abaixadores. Se a cela for composta por vários transformadores, deve ser prevista uma proteção para cada transformador.
- **Barramentos:** os barramentos são rectangulares ou circulares, muitas vezes feitos de cobre eletrolítico, e estão ligados às fases R.S. e T. respetivamente. A distância aproximada entre barramentos para uma tensão de 20 kV é de 21 cm, e para uma tensão de 6,6 kV as distâncias máximas são de 18 cm e 11,5 cm.

b. A secção de baixa tensão

Aqui encontramos um quadro geral de baixa tensão (TGBT) com alimentadores de saída para os assinantes, e um disjuntor de baixa tensão ligado ao TGBT para proteger o transformador contra certos defeitos que podem ocorrer. A corrente nominal da secção de baixa tensão depende da carga.

Em resumo, numa cabina temos o seguinte equipamento eletromecânico:

1. **Seccionador de cabeça de cabo de entrada (STC) ;**
2. **Seccionador de laço ;**
3. **Seccionador de barramento ;**
4. **Barramentos de baixa tensão ;**
5. **Seccionador de disjuntor ;**
6. **Relé de proteção ;**
7. **Disjuntor de média tensão ;**
8. **Transformadores de tensão e de corrente (TP e TI) ;**
9. **Transformador MT/BT ;**
10. **Acessórios: interrutor de ligação à terra.**

a. * **Transformador de potencial (TP)**: utilizado para alimentar os equipamentos de medição com uma tensão reduzida.

b. * **Transformador de corrente (TC):** utilizado para alimentar o equipamento de medição com uma corrente reduzida.

c. * **Interruptores de isolamento**: são dispositivos que permitem abrir ou fechar um circuito elétrico quando não há corrente; não possuem dispositivo de corte de arco, pelo que só devem ser acionados quando não há corrente.

São utilizados para visualizar o estado de um circuito elétrico.

NB: existem também seccionadores que podem abrir o circuito em carga, têm dispositivos de extinção de arco, são chamados "seccionadores em carga" ou seccionadores de elevada capacidade de corte.

d. **O seccionador de cabeça de cabo**: utilizado para receber a tensão de entrada na linha.

e. **O interrutor de ligação à** terra: utilizado para ligar a linha à terra durante uma interconexão operacional.

f. **O interrutor de isolamento do barramento**: utilizado para comutar a tensão de um barramento para outro.

g. **O barramento**: utilizado para ligar as instalações eléctricas de entrada e de saída. São fabricados em cobre ou em alumínio.

h. **O disjuntor**: trata-se de um dispositivo de proteção eletromagnético, ou mesmo eletrónico, cuja função é interromper a corrente eléctrica em caso de incidente num circuito elétrico.

Figura 14: Disjuntor de baixa tensão (com unidade de controlo)

i. **Para-raios:** protegem todas as instalações eléctricas contra sobretensões.

j. **O transformador:** É um dispositivo que transforma um sistema de tensões e correntes variáveis num sistema de tensões e correntes variáveis sem alterar a sua natureza, mas com a mesma frequência. Transferência de energia

Figura 15: Transformador abaixador

II.4.5. O código utilizado na rede de disjuntores BT

II.4.5.1. Definição

Por definição, os cabos eléctricos são equipamentos utilizados para transportar a energia eléctrica desde a subestação de distribuição até ao consumidor.

a) Caraterísticas gerais

1. Almas

Devem preencher as seguintes condições:

- Boa condutividade: para reduzir as perdas durante o transporte de energia, daí a escolha :

- ^{2}Cobre: p = 18,51m .mm /m a 20° c ;
- ^{2}Ou alumínio: p = 29,41m .mm /m a 20° c.

- Resistência mecânica suficiente para evitar a rutura do condutor sob carga durante a instalação, a fixação e o aperto das ligações;

- Boa flexibilidade: para facilitar a passagem dos condutores nas condutas, para respeitar o traçado das tubagens, para fornecer energia aos aparelhos móveis;

- Boa resistência à corrosão provocada por agentes atmosféricos e ambientes químicos.
- Boa fiabilidade das ligações graças à boa resistência aos efeitos físico-químicos dos contactos.

As almas podem ser

- Em cobre recozido, nu ou com um revestimento metálico;
- Alumínio ou liga de alumínio, nua ou revestida de uma camada metálica
- Ou alumínio revestido

Equivalência cobre-alumínio

Para a mesma resistência eléctrica:

$$\frac{\text{section aluminium}}{\text{section cuivre}} = \frac{\text{pAL}}{\text{pCU}} = \frac{29{,}41}{18{,}51} = 1{,}59$$

Isto traduz-se na escolha de uma secção de alumínio imediatamente superior à de um condutor de cobre na gama normal de secções transversais de condutores.

Quadro 8: Equivalência cobre-alumínio

²**Secção cui(mm)**

Section cui(mm^2)	1,5	2,5	4	6	10	16	25	35	50	70	95	120	150	185
Section alu (mm^2	2,5	4	6	10	16	25	35	50	70	95	120	150	185	240

Secção de alumínio (mm)²

b) Secção do cabo utilizado em BT25

Por fase para condutor de cobre

Corrente em A	Secção transversal do condutor em mm[26] [27]
0 a 5A	1,5 mm^2
5 a 10 A	2,5 mm^2
10 a 20 A	4mm^2
20 a 25 A	6mm^2
25 a 32A	10 mm^2
32 a 40	16 mm^2
40 a 70 A	25 mm^2
70 a 100 A	35mm^2
100 a 125	50 mm^2
125 a 160 A	70mm^2

25SNEL. Estudo e acompanhamento da eletrificação transfronteiriça e rural, Formação Kinshasa 05 - 08 juillet 2010

27Idem

180 a 200 A	95 mm^2
200 a 250 A	120 mm^2
250 a 320 A	185 mm^2
320 a 400 A	300 mm^2
400 a 500 A	2 150 mm^2
500 a 630 A	2 185 mm^2
630 a 800 A	3 185 mm^2
800 a 1000 A	3 240 mm^2
1000 a 1250 A	3 300 mm^2

c) Camisa de isolamento

Este revestimento isolante deve assegurar um bom isolamento do núcleo condutor e ter as seguintes caraterísticas

- Generais de todos os bons isolamentos :
- Elevada resiliência;
- Muito boa rigidez eléctrica;
- Baixas perdas eléctricas
- Particularidades da utilização de condutores e cabos
- Boa resistência ao envelhecimento ;
- Boa resistência ao frio, ao calor e ao fogo;
- Resistência às vibrações e aos choques ;

II.4.5.2 Linha eléctrica aérea

As linhas eléctricas aéreas proporcionam um meio de transporte de energia eléctrica a um custo razoável, com perdas relativamente baixas e manutenção mais fácil.

Uma linha eléctrica aérea é essencialmente constituída por :

- Suportes ou postes ;
- Condutores ;
- Acessórios.

a) Suportes ou postes

O suporte de uma linha é uma estrutura mecânica que pode ser :

- Metálico ;
- Madeira;
- Betão.

A principal vantagem dos **suportes metálicos** é a sua boa resistência mecânica, mas também têm a desvantagem de serem capazes de conduzir corrente eléctrica, pelo que é necessário ter cuidado para garantir que os isoladores estão em boas condições.

A vantagem dos **suportes de madeira** é que não são bons condutores de eletricidade, mas também têm uma grande desvantagem, pois são frequentemente atacados por insectos. Por isso, requerem precauções especiais, como a utilização de insecticidas. Uma desvantagem dos suportes de betão é o seu peso.

b) Condutores

Por definição, um condutor é um material que permite que a corrente eléctrica flua facilmente. Deve assegurar uma boa continuidade eléctrica e ser capaz de suportar tensões externas sem se deteriorar ou quebrar.

As restrições são :

c) Restrições eléctricas

- Tensão ;
- A intensidade da corrente eléctrica ;
- Corrente de curto-circuito.[28]

d) Restrições mecânicas

- O vento ;
- Frost - neve.

Ao escolher um condutor, temos em conta :

f Queda de tensão ;

f Aquecimento ;

S A secção económica do filho ;

f A resistência mecânica do fio.

Existem vários tipos de condutores, consoante a sua natureza, tais como :

- o Cobre ;
- o Aço ;
- o Alumínio ;
- o L'almelec etc.

Os materiais mais utilizados são o cobre e o alumínio para os cabos, enquanto o cabo de alumínio é utilizado para as linhas de distribuição aéreas.

e) Acessórios

Os acessórios são :

a. Isoladores: isolam o condutor da parte metálica do suporte. São fabricados em vidro ou porcelana, existindo isoladores rígidos e cadeias de isoladores. São constituídos por saias, cujo número determina o nível de tensão.

A escolha dos isoladores l'depende de :

1. Tensão de funcionamento ;
2. Forças mecânicas ;
3. Poluição do solo ;

ème26LUZOLO.E, *notas de curso de tecnologia eléctrica,* 2 gradual, ISPT - KIN, 2010 - 2011, página12

4. Cofit.

b. **A pinça**: é utilizada para fixar o condutor aos isoladores.

c. **O centelhador**: é utilizado para proteger a linha e os isoladores contra as sobretensões atmosféricas e o funcionamento defeituoso, conduzindo a sobretensão para a terra.

d. Para-raios: protege a linha ou a instalação no seu conjunto contra as sobretensões atmosféricas ou de manobra.

NB: As linhas aéreas estão sujeitas a intempéries, o que implica a necessidade de as proteger contra os efeitos dos fenómenos eléctricos na atmosfera. Além disso, são incómodas e inestéticas nas grandes aglomerações.

II.2.5.4 Linhas eléctricas subterrâneas[29]

Na cidade de Kinshasa, a eletricidade é principalmente transmitida ou distribuída por via subterrânea, ou seja, os cabos são enterrados.

As linhas subterrâneas são linhas utilizadas em zonas urbanas por razões estéticas, e são utilizadas para todas as tensões.

Também são caros.

1. **Colocação de cabos (caixa)**[30]

Numa rede de distribuição de BT, os cabos são colocados ou alojados da seguinte forma:

a. **Instalação em fatias**

Este é o método mais simples, utilizado para cabos com uma estrutura metálica. Na maioria dos casos, a vala tem uma profundidade de 60 cm a 1,2 m. Em BT, 0,6 m sob as zonas não acessíveis aos automóveis e 1 m sob as zonas acessíveis aos automóveis. Esta descida é efectuada com um raio de curvatura de

- ❖ 9 vezes o diâmetro de um cabo de 1 condutor
- ❖ 8 vezes o diâmetro do cabo de 2 a 5 condutores
- ❖ 5 vezes o diâmetro para cabos com mais de 5 condutores

Figura 16: Instalação em fatias

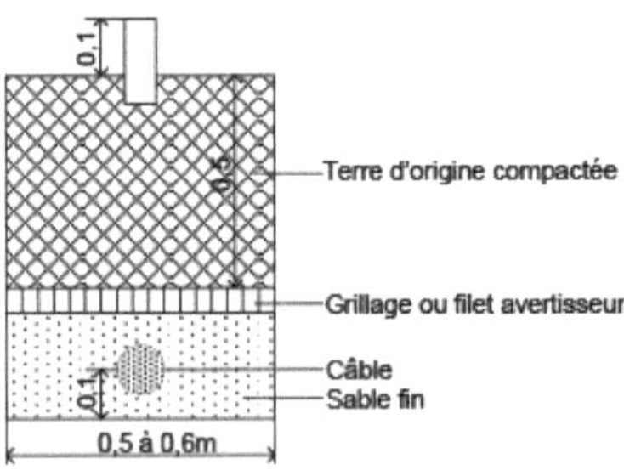

---

[29]LUZOLO.E, op.cit. p 60 - 65

[30]Idem

[3]Idem

Terra de origem compacta
Malha ou rede de aviso
Cabo
Areia fina
0,5 a 0,6 m

NB: Em cada mudança de direção ou em cada cruzamento. Devem ser colocadas placas de sinalização.

A largura da fatia dependerá obviamente do número de cabos.

a instalar, tendo em conta que deve ser mantida uma distância de pelo menos 20 cm entre as várias ligações.

Na travessia de estradas ou caminhos-de-ferro, são utilizados cabos MT, AT e MAT.

passarão através de bainhas de PVC (base) embutidas no betão.

II.4.6 Quadros de distribuição Bt (PS)[2931]

1. Definição

As estações de comutação são equipamentos de rede

Trata-se de um quadro elétrico que recolhe a tensão de um ou dois alimentadores de baixa tensão ou do quadro geral de baixa tensão e a distribui de acordo com as vias a servir.

As subestações de isolamento são utilizadas para gerir a
manual ou com controlo remoto.

2. Tipos de comutadores

Existem 3 tipos de comutadores, incluindo :

- A estação de isolamento em fibra de vidro ;
- A estação de isolamento de metais ;
- A estação de seccionamento de aço

3. Constituição

Uma estação de isolamento é constituída por :

- Barramentos de baixa tensão ;
- Bases de porta-fusíveis ou de reguladores;
- Isoladores para separar os barramentos da terra metálica;
- Uma rede terrestre.

[31] SNEL cvbandal

CAPÍTULO IV. GESTÃO DA ENERGIA

SECÇÃO 1. ESTUDO AMBIENTAL

O ambiente é um conjunto de condições naturais susceptíveis de afetar os organismos vivos. Quando falamos de ambiente, não podemos separar-nos dos seus conceitos fundamentais, que são constituídos por três elementos importantes. [32]Estes são os elementos físicos, biofísicos e humanos .

O primeiro é constituído pela água, pelo ar e pelo solo, o segundo é formado pela flora que é a riqueza de Kinzono e o terceiro é o elemento mais importante do ambiente, porque é o homem que também é destruído pela sua própria cultura e costumes.

O ambiente é também considerado como capital natural e a economia depende sobretudo do ambiente, cuja função é contribuir para a produção (terra, água) e atuar como regulador.

O nosso estudo ambiental diz respeito a Kinzono, uma localidade rural da comuna de MALUKU que não dispõe dos factores necessários ao desenvolvimento ou que está ainda em vias de desenvolvimento, constituindo assim um obstáculo ao desenvolvimento deste sector.

Assim, se queremos que o progresso chegue efetivamente ao meio rural, é necessário que cada um dê o seu melhor e tome consciência da situação do meio rural ou incentive as iniciativas (investimentos) privadas, governamentais e internacionais.

A pobreza é um dos critérios do subdesenvolvimento das zonas rurais e a sua redução é um dos Objectivos de Desenvolvimento do Milénio.

Se queremos realmente que o meio rural se desenvolva, temos de tirar os agricultores da situação em que se encontram, ou seja, instalar a eletricidade que pode produzir riqueza, pelo que a eletrificação rural é vital para o desenvolvimento do país.

IV.2 APRESENTAÇÃO DO SÍTIO

A comuna de MALUKU é a maior comuna da cidade de Kinshasa, contendo pelo menos 79% do território provincial.

Figura 17: Apresentação do sítio

[32] REC/Índia, Rural power distribution and energy management in developing rural countries, março de 2008.

IV.2.1. Antecedentes

Etimologicamente, Maluku provém da palavra TEKE "MALU", que significa "dificuldade", uma vez que o centro de Maluku era um enclave e a única forma de chegar ao centro da cidade de Kinshasa.
O primeiro presidente da câmara da comuna de Maluku, MULELE NKIE MBAMA, transferiu a sede da comuna para MENKAO.
[2]**MALUKU:** é uma comuna urbano-rural da cidade-província de Kinshasa, com uma superfície de 7,9480 km.

População de Maluku

- **POPULAÇÃO 659.953**
- O atual presidente da Câmara de MALUKU é: PAPY-EPIANA

IV.2.2 Localização

A leste: através dos territórios de Kwamouth e Kenge e do rio Kwango a montante até à sua confluência com o rio Nkole.
A oeste: através da comuna da nascente N'sele do rio Fu-Kiene, uma linha reta que a une à referência da grelha marcada 52/10. Em seguida, uma linha reta no sentido norte-sul até à sua confluência com o rio LUO e, a jusante, do rio LUO até à confluência dos rios N'sele e BWA, que separa, nomeadamente, a comuna de Maluku da de N'sele.
A norte: pelo majestoso rio Congo, desde a sua ponte perto da foz do rio NKAO até ao rio Congo com o rio Maindombe (rios negros).
No Sul: através dos territórios de KIMVULA e Kasangulu na província do Kongo Central: a partir da confluência do rio NKOLE, uma linha reta que une a confluência dos rios Mbete e Lumiere.

- KINZONO é uma localidade situada na comuna de Maluku e o seu chefe local chama-se: MBAMA-MBUMU-JULES e o seu adjunto.

Kinzono: situado a alguns quilómetros de Maluku
A MALUKU tem três actividades principais

- Agricultura

- Agricultura e pesca

MALUKU tem 10 grupos consuetudinários e 7 subgrupos.

IV .3 ANÁLISE AMBIENTAL

Avaliar o impacto ambiental da produção e do consumo de energia, bem como o das instalações conexas.

V V.3.1 Técnica de avaliação

Efectuamos um balanço da situação atual (antes do investimento) e o balanço de consumo e de exploração.

O gás produzido pelas instalações é comparado com o seu equivalente em CO_2.

Exemplo: 1 kg de gás produzido é equivalente a 21 kg de CO_2.

O impacto ambiental será igualmente avaliado em termos do efeito de estufa.

VI .3.2 Impacto social

1. Objetivo: Avaliar os efeitos da eletrificação rural na população.
2. Alguns dos benefícios sociais da eletrificação rural

- Redução do êxodo rural ;
- Melhoria das condições de tratamento no hospital ;
- Acesso à luz, à cultura e ao entretenimento;
- Melhorias em trabalhos fisicamente exigentes (empregadas domésticas);
- reduzir a pobreza dos agregados familiares ;
- Aumento da população de 1 agregado familiar dinheiro ;
- Melhorar a reprodução (cozinhar + educar as crianças) ;
- Estimular a atividade económica ;
- Utilização de máquinas e equipamentos eléctricos.

A comuna de MALUKU é a maior comuna da cidade de Kinshasa, na República Democrática do Congo (RDC). A comuna de MALUKU contém pelo menos 79% da cidade de Kinshasa e as outras 23 comunas partilham 21% do território. [2]MALUKU é uma comuna urbano-rural com duas vocações: a agricultura e a pesca. Tem uma superfície total de 7 984 km, uma população de 656 872 habitantes e faz fronteira a leste com a nova província do Kwango, a oeste com a comuna de N'SELE, a norte com o rio Congo e a província do Kwilu, e a sul com o território de Kasangulu e Madimba na província do Kongo Central.

[2]A comuna de MALUKU é a maior comuna da cidade de Kinshasa e está subdividida em 45 bairros, incluindo várias aldeias que são objeto do poder consuetudinário de 10 grupos. A comuna de MALUKU é pouco povoada, com apenas 23 habitantes/km.

Esta é a comuna onde se encontram mais habitantes da região de Teke.

IV.3.3 Representação geográfica e lista dos bairros do município de Maluku

A. Representação geográfica

Figura 18. Mapa da cidade de Kinshasa

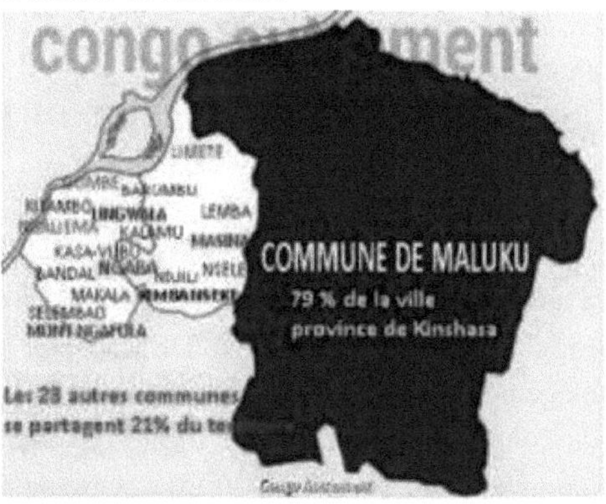

B. Quadro 9 A lista de bairros

N°	Bairro	N°	Bairro
01	BANGO MBAMU	24	MBETE
02	BITA	25	MBOKA POLO
03	BU	26	MENKAO
04	DOKOLO	27	MOKAMO
05	DUMI	28	MOLOKAYI
06	IMBIA	29	MÓNACO
07	INGA	30	MONGATA
08	INKIENE	31	MOSABU
09	KIKIMI	32	MPO-KINSELE
10	KIMPETI	33	KINTA KISANKULU
11	KIMPOKO	34	OVINOS
12	KINGANKATI	35	NDAKO PEMBE
13	KINGAWA	36	NGAMANZO
14	KINGUNU	37	NGANA
15	KINTA	38	NGUMA
16	KINZONO	39	NKOMO
17	MAES	40	NSUNI
18	MAI-NDOMBE	41	NZAMU
19	MALUKU	42	SUALEPU
20	MAMBUTU NKA	43	WASSA
21	MANDUNGU	44	YOSSO
22	MANGENGENGE	45	YUO
23	MBANKANA		

Como a comuna de MALUKU é grande e tem vários distritos, não vamos falar de todos os distritos, mas vamos estudar a localidade de KINZONO, que é um novo distrito da comuna.

C. REALIDADE DO MEIO RURAL DO DISTRITO DE KINZONO

1. História

A localidade KINZONO é um novo distrito da comuna de MALUKU, na altura era apenas um distrito que se chamava INKIENNE que é vasto, antes da descupinização, era composto por 11 localidades um dos distritos de MALUKU o maior que era dirigido por BOLINGO MONDEMBETO, para os anos 2017, foi a primeira decupagem na comuna de MALUKU que deu origem a 6 distritos e após a audição da comuna o governador e o burgomestre acharam por bem decupar de novo a comuna, para os anos 2020 foi a segunda decupagem da qual se tem o nascimento de KINZONO também que conta 14599 habitantes.

2. População

A população rural é o número total de pessoas que vivem em zonas rurais. O meio rural é definido como um conjunto de Fokontany cuja proporção da população é exergante.

Em KINZONO, pelo contrário, o seu modo de vida baseia-se mais nas actividades agrícolas (agricultura, criação de gado e pesca), que representam mais de 70% do seu rendimento.

A atividade agrícola é o conjunto de indivíduos formado pelas famílias rurais. Trata-se de uma família em que um ou mais membros activos exercem uma ou mais actividades agrícolas a título principal ou secundário.

Alguns deles fazem comércio, mas as suas actividades baseiam-se mais em produtos agrícolas.

3. Situação económica

As diferentes actividades neste domínio são :

- Agricultura ;
- Criação ;
- Pesca;
- Silvicultura

Mas o que mais nos interessa é a agricultura e a pesca.

a. Agricultura

A população agrícola é definida como o conjunto dos indivíduos que vivem nas zonas rurais e pertencem a uma exploração agrícola. Estima-se em 70%, dos quais 35% são mulheres e 25% homens.

A maior parte deles são pais. Também há quase tantos jovens de 20 anos a fazer esta atividade, porque é a mais popular do bairro.

A população agrícola com 12 anos ou mais é considerada como a população potencialmente ativa na agricultura porque, a partir desta idade, o indivíduo pode contribuir para as actividades agrícolas. Este grupo etário representa 70% da população agrícola e tem mais mulheres do que homens, com um rácio de 95 homens para 100 mulheres. Nesta idade, 77% estão empregados, 5% estão desempregados e 18% estão inactivos. Entre os inactivos contam-se os idosos e os deficientes, as donas de casa, os estudantes e as crianças em idade escolar e as crianças que não participaram em actividades agrícolas. A população agrícola tem assim um índice de independência económica. Quase 70% da população rural do KINZONO são agricultores.

b. Pesca

A pesca também desempenha um papel fundamental em Kinzono, sendo praticada pela maioria da população (homens). [31]A pesca tem um impacto em Kinzono devido ao lago Kwango, que o separa do território de Bagata, na província do Kwango. Graças a este lago, os habitantes de Kinzono também pescam.[33]

c. Qualidade da água

A qualidade da água (gosto, cheiro e cor em conjunto) foi apreciada por 63,9% dos agregados familiares. A cor da água foi a principal razão para este nível de apreciação. Além disso, 85% dos inquiridos afirmaram que a água era adequada sem ser fervida. Mas esta água provém de nascentes e poços.

d. Qualidade do solo

A qualidade do solo é perfeita, é também a sua grande riqueza, graças aos seus solos, fazem negócios como sempre.

IV.3 OBJECTIVO E ALGUMAS DEFINIÇÕES DO MEIO RURAL

IV.3.1 Objectivos do estudo

- Identificar as diferentes fontes utilizadas para o abastecimento das zonas rurais e urbano-rurais;
- Determinar os meios de transmissão desta energia ao consumidor;
- Avaliar o método de faturação do consumo rural.

IV.3.2 Definições

a. Eletrificar

Trata-se do fornecimento de energia eléctrica através da instalação de uma fonte, linha ou rede eléctrica.

b. Rural

Relativo ao campo, por oposição à cidade.

[33] Op.cit. pp. 20 - 30

c. Eletrificação rural

[34]É o conjunto de técnicas utilizadas para abastecer o espaço rural, tendo em conta as suas caraterísticas específicas e as dos seus habitantes .

IV.3.3 Caraterísticas do campo ou da zona rural

- As zonas rurais são menos povoadas ou têm baixa densidade populacional e baixo poder de compra;
- A população dedica-se principalmente à agricultura;
- Comércio, indústria e administração reduzidos ao mínimo;

IV.3.4 Dificuldades de eletrificação rural

A eletrificação rural caracteriza-se por :

- Uma carga dispersa ligada a fontes ou transformadores por fontes de transmissão;
- Um custo de investimento muito elevado para uma população escassamente povoada e com baixos rendimentos.

Os factores socioeconómicos colocam um problema complexo na determinação do custo real da faturação.

Além disso, os custos energéticos muito elevados terão um impacto no custo dos produtos agrícolas exportados para os centros urbanos.

IV.3.5 ESTADO DO RDC

Apesar de todo o seu potencial energético, a RDC tem muito pouca eletricidade. Apenas 6.200.312 dos 9.421.569 agregados familiares estimados têm eletricidade, ou seja, 6,48%.

As províncias de BANDUNDU, KASAI ORIENTALE e MANIEMA têm uma taxa de eletrificação muito baixa, de cerca de 1%, enquanto KONGO CENTRAL tem a taxa mais elevada, de 11%.

Quadro 10: Taxa de cobertura

ITEM	PROVÍNCIA	TAXA DE COBERTURA
1	BANDUNDU	0,12%
2	KONGO CENTRAL	11%
3	EQUADOR	0,68%
4	PROVÍNCIA ORIENTAL	2,69%
5	KASAI OCIDENTAL	0,45%
6	KASAI ORIENTAL	0,14%
7	KATANGA	4,43%
8	KINSHASA	40,67%

[34] REC/Mode, Rural power distribution and energy management in developing, março de 2008.
- Perc, eletrificação rural e transfronteiriça, Kinshasa, 2010
- KHUZAMA e VIKOIS, mestre de pré-pagamento 2010.
- KHUZAMA e VIKOIS, si sistema monofásico de alta distribuição 2010.

9	MANIEMA	0,1%
10	KIVU NORTE	1,47%
11	KIVU DO SUL	4,43%

PONTOS FORTES E FRACOS DA RDC :

- eme Potencial hidroelétrico muito elevado, 4.º lugar no mundo com 600 mil milhões de kWh;
- Diversidade de fontes de energia (solar, hídrica, biomassa) ;
- 80,9% dos homens e 54,1% das mulheres são altamente alfabetizados;
- Setor informal muito ativo;
- A população está em constante crescimento, com 6 pessoas por agregado familiar e uma taxa de crescimento de 2,8%.
- Elevado êxodo rural (a população urbana atinge 44%)
- Países pobres muito endividados
- O poder de compra da população é muito baixo;
- Conflitos e guerras recorrentes.

Figura 19: Estrutura de uma rede de eletrificação rural

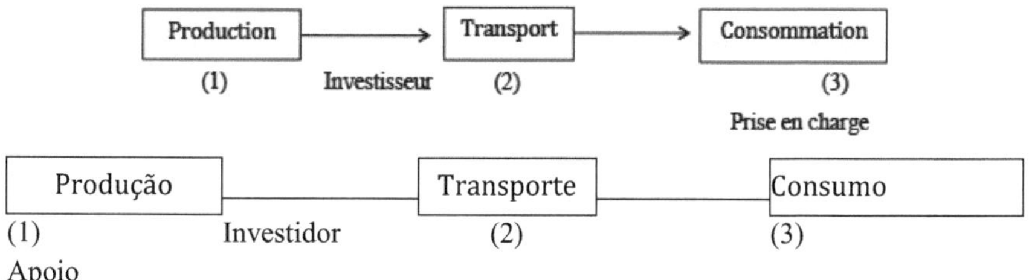

IV.4 Micro-central hidráulica

O seu papel e investimento

Papel da central micro-hídrica

- Produtos
- Satisfazer
- Criar valor
- Promover o desenvolvimento 1) A necessidade é urgente (longo prazo, médio prazo)?

2. Existem fontes de financiamento disponíveis?

É necessário que exista um curso de água permanente onde possa ser instalada uma micro-central eléctrica.

As turbinas do tipo BANKI parecem ser mais adequadas às zonas rurais devido à sua simplicidade de fabrico.

Figura 20: Microcentral eléctrica hidráulica

As zonas rurais e urbano-rurais necessitam de equipamentos caros por habitante, mas a população tem geralmente um rendimento modesto e deve ser gerida de forma responsável.

Os diferentes actores: a população, o Estado e os investidores devem participar na cobertura destes diferentes custos.

As partes interessadas envolvidas ou impulsionadoras desta implementação.

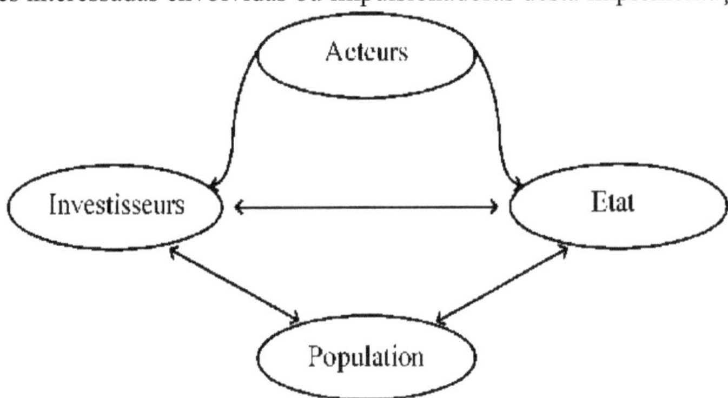

- Aldeia 700 habitantes
- Micro central eléctrica que fornece às famílias capacidade de distribuição e impacto
- Uma casa = potência = 4 kwh a potência média distribuída por casa 4kwh.

Sabendo que a capacidade total é de 280 a 300KVA.

IV.5. IMPORTÂNCIA DA ENERGIA ELÉCTRICA

IV.5.1 INTRODUÇÃO

Em apenas algumas décadas, a humanidade queimou uma grande parte das reservas de energia que o planeta acumulou ao longo de milhões de anos. Estamos a esgotar os recursos da Terra, a atmosfera está a enriquecer-se com

CO_2, o efeito de estufa está a aumentar, os ecossistemas estão a deteriorar-se e as alterações climáticas previstas são agora uma realidade.

Atualmente, a eletricidade é útil em todos os aspectos da nossa vida quotidiana. A eletricidade ajuda-nos em casa, nos cuidados e no consumo.

A situação atual do sector energético na República Democrática do Congo e, em particular, na localidade de KINZONO, na comuna de MALUKU, revela um nível muito baixo de abastecimento de energia à população. O abrandamento da aplicação das políticas de ajustamento em 1990 não permitiu o desenvolvimento do sector energético no seu conjunto, principalmente devido à deterioração dos principais parâmetros económicos que se seguiu. Passados mais de 10 anos, a situação é alarmante.

A insuficiência das iniciativas privadas no sector da energia e a falta de financiamento são alguns dos obstáculos à recuperação do sector da energia na República Democrática do Congo. Mais de 40 anos após a independência do país, o estado do sector revela uma taxa muito baixa de fornecimento de energia à população, na sequência da ausência de programas adequados para melhorar as disfunções da vida quotidiana dos congoleses, nomeadamente os que vivem na localidade de KINZONO, na comuna de Maluku. Apenas 10% da população tem acesso à eletricidade, o que constitui um grave problema.

A energia é um conceito difícil de aprender: está armazenada na matéria e só se manifesta quando é transformada. É neste momento que nos apercebemos dos seus efeitos: o calor fornecido por uma lâmpada, a energia nunca desaparece; é transformada de uma forma numa ou mais outras.

Sendo a energia a força motriz de todo o desenvolvimento socioeconómico, é sabido que os serviços energéticos contribuem de forma significativa para o desenvolvimento económico e social e são vitais para todas as actividades humanas com vista à obtenção de melhores condições de vida.

A eletricidade é a forma de energia que alimenta a maior parte das nossas actividades diárias e é um dos elementos vitais para o desenvolvimento de um país.

É difícil imaginar o mundo de hoje sem eletricidade; as aplicações da eletricidade são cada vez mais numerosas e acompanham as novas invenções e os avanços tecnológicos; por conseguinte, o consumo de eletricidade aumenta todos os anos. Isto leva-nos a dizer que, se o sector da energia não for bem gerido, será difícil para o desenvolvimento.

IV.5.2 Tipos de energia

Estas incluem formas renováveis, tais como :

- Energia solar ;
- Energia eólica ;

- Energia hidroelétrica ;
- Energia das ondas ;
- Energia das marés ;
- Energia marinha ;
- Energia geotérmica.

IV.5.3. FUNCIONAMENTO DA ENERGIA ELÉCTRICA

A energia eléctrica é qualquer energia que é transferida ou armazenada através da eletricidade.

A eletricidade não é uma fonte de energia primária: necessita de outra fonte de energia para ser produzida. A eletricidade é frequentemente considerada uma fonte de energia limpa, uma vez que não emite dióxido de carbono ou partículas finas. No entanto, dependendo da energia primária utilizada para a produzir, pode ter um impacto ambiental significativo:

As centrais térmicas e os reactores nucleares, por exemplo, têm um impacto ambiental significativo. As fontes renováveis de eletricidade, como a energia eólica, a energia solar, a hidroeletricidade, a biomassa e a energia geotérmica, são reputadas como limpas, mas a sua utilização deve também ser sujeita a condições rigorosas para garantir uma transição energética eficaz.

IV.6. PRODUÇÃO DE ENERGIA

A eletricidade é a energia gerada pelo movimento de partículas com carga positiva ou negativa. A corrente eléctrica é direta quando os electrões se movem na mesma direção no condutor, e alternada quando se movem numa direção e depois na outra em intervalos regulares chamados ciclos.

A eletricidade é atualmente utilizada em todo o mundo. As suas principais utilizações são o aquecimento, a produção de água quente, a iluminação e a alimentação de um número crescente de aparelhos domésticos e electrónicos, como computadores, televisão, etc.

IV.7. DESAFIOS E BENEFÍCIOS DA ENERGIA ELÉCTRICA

A eletricidade é hoje essencial para o funcionamento da economia mundial. A energia eléctrica tem muitas vantagens, mas também tem as suas limitações, o que significa que os vários intervenientes no sector terão de enfrentar os desafios das próximas décadas.

A eletricidade é uma energia relativamente barata de produzir. Durante as fases de transporte e consumo, pode ser considerada uma energia bastante limpa, uma vez que tem um balanço de carbono favorável e emite muito poucas partículas.

IV.8. QUESTÕES RELATIVAS À ELECTRICIDADE

As questões relacionadas com a eletricidade dizem respeito principalmente ao seu armazenamento. A eletricidade é difícil de armazenar em quantidades suficientes e a um custo razoável para satisfazer as necessidades energéticas de uma população. Está também em curso a investigação sobre a utilização do hidrogénio como meio de armazenamento de eletricidade.

CAPÍTULO V. CONCEITO DE RENDIBILIDADE

V.1 INFORMAÇÕES GERAIS SOBRE A RENDIBILIDADE

§§§§§§§§O conceito de rendibilidade está intimamente ligado ao de lucro e aplica-se, em particular, às empresas e a qualquer outro investimento. Em geral, o objetivo de qualquer empresa é ser rentável.

Para o acionista, o resultado é, antes de mais, o dividendo que lhe é pago pelo financiador. Para o Estado, é o lucro antes de impostos. Do ponto de vista do desempenho, é o valor acrescentado pela empresa.

V.1.1. Definição do conceito de rendibilidade

Na linguística financeira das empresas, a palavra rendibilidade é utilizada em vários sentidos:

- É frequentemente utilizado como sinónimo de lucro em termos absolutos: "a empresa não teve lucro neste exercício" quase significa que a empresa não teve lucro neste exercício. Trata-se de um conceito completamente incorreto. A rendibilidade não é um valor absoluto. É um conceito relativo, o quociente de um rácio;
- Em rigor, a rendibilidade tem duas caraterísticas específicas: é uma capacidade, um rendimento potencial. É, portanto, a medida da remuneração dos fornecedores de capital, os proprietários da empresa. Esta remuneração corresponde ao que sobra, ou seja, ao que foi pago ou registado quando foi pago, ou que correspondia a uma ideia de substância: nomeadamente, as amortizações e as provisões.
- No sentido mais lato, refere-se à capacidade de todos os tipos de capital para gerar dinheiro. Existem vários tipos de rendibilidade, incluindo :

> Rentabilidade económica, definida como a relação entre o lucro e o capital utilizado para o obter.

> Rendibilidade comercial, que é o rácio entre os lucros ou perdas e as vendas.

De um modo geral, o termo "rentabilidade" designa a capacidade do capital para gerar um saldo que, consoante as circunstâncias, se designa por lucro, proveito, excedente ou "frutos". Qualquer que seja o sistema económico, esta noção de rentabilidade parece ser o critério de eficácia económica.

De acordo com MBANGALA MAPAPA (2009), a avaliação do conceito de rendibilidade tem múltiplas facetas, cada uma das quais relacionada com um objetivo específico na contribuição do valor criado. Este último é definido pela medida em que a empresa atinge os seus objectivos. A análise financeira centra a sua análise num destes objectivos. É por isso que é importante ter objectivos bem definidos e os recursos utilizados para os atingir. *********De um modo geral,

---

§§§§§§§§S AMBA V, Contabilidade analítica da OHADA, 2 edição, Paris 2020, pp 10 - 20

********* MBANGALA MAPAPA, Comptabilite generale OHADA, Paris, 2.ª edição, 2010.

o principal objetivo de uma empresa é a rentabilidade financeira.

A rendibilidade de uma empresa é medida como o rácio entre os resultados obtidos pela empresa e os recursos utilizados para alcançar esses resultados.

V.2. O PAPEL DA RENDIBILIDADE

É um elemento-chave na avaliação do desempenho da empresa.

V.3. IMPORTÂNCIA DA RENDIBILIDADE

Há uma série de razões pelas quais é importante dedicar algum tempo a analisar a rentabilidade de uma empresa e se esta está a ter um bom desempenho:

- Para que a sua empresa dure muito tempo, se a sua rentabilidade for boa, terá dinheiro suficiente para manter a sua empresa a funcionar corretamente.
- Para poder investir, se a rentabilidade for tal que consiga obter lucros, poderá então reinvestir esse dinheiro excedente na sua empresa.
- Para que possa melhorar o crescimento da sua empresa de forma natural, se conseguir investir na sua empresa graças ao lucro gerado pela boa rentabilidade da sua empresa, isso irá gerar crescimento.

V. 3.1 A importância da rendibilidade

Refere-se ao rácio entre o resultado obtido e o capital investido (ou comprometido). De um ponto de vista puramente financeiro, o objetivo de um investimento financeiro ou operacional é maximizar a rentabilidade.

V.3.2. Tipos de rendibilidade

1. Rentabilidade económica

A rendibilidade é a capacidade da empresa para transformar este capital em lucro, independentemente da sua origem.

2. Rendibilidade financeira

Mede apenas a rendibilidade da capacidade de capital próprio.

V.4. QUADRO 11: PARALELISMO ENTRE RENDIBILIDADE ECONÓMICA E RENDIBILIDADE FINANCEIRA

A rentabilidade económica interessa sobretudo aos gestores	Rendibilidade financeira que interessa principalmente aos acionistas
Rácio entre o lucro operacional e os recursos investidos nas actividades da empresa para o alcançar.	O rácio entre o lucro de uma empresa e o seu capital próprio
Utilizado por gestores e financiadores para avaliar e comparar o desempenho das empresas.	Os administradores da empresa têm interesse em melhorar a rentabilidade financeira da empresa porque são eleitos pelos acionistas.
Ter em conta apenas as actividades normais da empresa	Quanto mais elevada for a taxa de rendibilidade do capital próprio, mais
São utilizados os resultados operacionais,	A empresa terá mais facilidade em

excluindo as rubricas financeiras e excepcionais. O capital empregue corresponde ao valor de bruto + o valor do fundo de maneio operacional.	obter fundos nos mercados.
Rentabilidade económica _ Re s u l tat d ie xp l oitati o n c a pita u x i n ee s ti s Independentemente da estrutura de financiamento da empresa, porque a	Rendibilidade financeira Re s u l tat d e l i e xe r ci ce c a pita u x p ro p r e s s o Tem em conta o financiamento da empresa, como encargos financeiros
o lucro operacional é independente do modo de financiamento da empresa.	são incluídos no resultado (reduzem-no)

Um projeto empresarial é rentável se gerar um rendimento regular e substancial para o empresário e se garantir o pagamento de um capital substancial aquando da venda da empresa (mais-valia). No caso das empresas em fase de arranque, a rentabilidade projectada é geralmente medida pelos lucros gerados e pelo rendimento pago ao empresário.

Para calcular a rentabilidade de um projeto de arranque, é importante elaborar aquilo a que chamamos um plano de negócios.

Só é possível medir a rentabilidade do projeto de criação de uma empresa se se dispuser de um documento que sirva de base ao cálculo dos indicadores. É necessário elaborar um plano de actividades ou, pelo menos, uma previsão financeira.

Representa a parte financeira do plano de actividades. Consiste numa série de quadros (demonstração de resultados, plano de financiamento, balanço, orçamento do fluxo de tesouraria) que destacam números-chave como o lucro operacional.

Para que os seus cálculos sejam fiáveis e utilizáveis, deve certificar-se de que o seu documento financeiro está completo. Para o efeito, é necessário um certo número de elementos. Em primeiro lugar, é necessário estimar o volume de negócios de forma tão objetiva quanto possível. Para o efeito, deve basear a sua estimativa nos resultados do seu estudo de mercado. Não o sobrevalorize. Em seguida, faça uma lista de todos os custos que irá encontrar no seu projeto. Avalie-os com exatidão.

Não se esqueça de incluir um ponto importante no seu plano de negócios: a sua remuneração.

V.5. MEDIÇÃO DA RENDIBILIDADE

O seu projeto gerará despesas, algumas das quais dependerão do nível de atividade (designadas por custos variáveis), enquanto outras não terão nada a ver com ele (designadas por custos fixos). A relação entre os custos fixos, os custos variáveis e o volume de negócios é muito simples:

- Não existem custos variáveis nas vendas. Mas há custos fixos a pagar;
- Com um volume de negócios, não só os custos são afectados, como também os custos variáveis.

Custos fixos: rendas de imóveis, salários, contribuições para a segurança social, que não dependem do volume de negócios.

Custos variáveis: compra de matérias-primas e fornecimentos, custos de transporte nas compras e vendas. Estes dependem do volume de atividade, da fatura REGIDESO, da fatura SNEL.

V.6. INDICADORES OBJECTIVOS VERIFICÁVEIS PARA O NOSSO PROJECTO

Uma ideia transforma-se frequentemente num projeto. Mas um projeto só tem hipóteses de ser bem sucedido se for variável. A viabilidade de um projeto é bastante complexa de medir. Na realidade, ela é avaliada em vários domínios: o domínio técnico, o domínio estratégico (gestão estratégica e operacional), o domínio económico, o domínio financeiro e o domínio psicológico.

O nosso projeto é viável porque examinámos dois parâmetros muito importantes: em primeiro lugar, a pertinência da nossa oferta, que deve constituir uma solução para um problema existente, porque sem problema não há procura e, por conseguinte, não há oferta a fazer; em segundo lugar, é necessário validar o binómio produto/alvo, ou seja, certificar-se de que a oferta (e o seu valor acrescentado) corresponde à clientela.

Os nossos consumidores estão psicologicamente prontos para comprar o nosso produto, mas também estão conscientes de que o ambiente nos mostrou esta grande oportunidade.

Na maioria dos casos, um estudo de mercado é utilizado para verificar todos estes questionários numa amostra cuidadosamente selecionada de potenciais clientes, permitindo-nos recolher informações sobre este assunto.

Criámos os chamados canais de comunicação dentro da nossa organização - um plano de comunicação: publicidade, boca a boca, artigos de imprensa, etc. - porque há um ditado que diz: "uma boa ideia não funciona se o público não a conhecer". O nosso canal de distribuição é muito seguro e, acima de tudo, estamos num mercado não competitivo (oceano azul).

Na definição de objectivos ambiciosos, utilizámos o método SMART (específico, mensurável, exequível, realista e limitado no tempo).

V.7. FACTORES DE RENDIBILIDADE

Vários factores influenciam a rentabilidade:

V.7.1 Factores externos

- Carga fiscal (rácio entre as receitas fiscais e o rendimento).

- Desvalorização da moeda
- A situação económica
- Intervenção do Estado
- Diminuição dos rendimentos
- O clima social da empresa
- Política de remuneração
- Motivação
- O crescimento interno da empresa

V .7.2. Factores internos

A rentabilidade é um fator-chave para avaliar o desempenho de uma empresa. A rendibilidade desempenha um papel importante na vida de uma empresa; assegura a sobrevivência da empresa e permite-lhe demonstrar a sua independência financeira.

V .8. CÁLCULO DA RENDIBILIDADE

V .8.1 Cálculo suplementar da rentabilidade de um projeto

A rendibilidade é geralmente medida comparando o desempenho (gestão de resultados) com os recursos investidos para o alcançar.

Quadro 12: Representação da complexidade dos cálculos de rendibilidade.

Indicador	Fórmula de cálculo	Utilidade
Rendimento do capital próprio	Resultado líquido/capital próprio	Medir o rendimento de cada unidade de dinheiro investida no capital da empresa
Margem operacional	Resultado operacional (vendas)	Determinar a percentagem de vendas que se transformam em riqueza para a empresa
Taxa de rendibilidade líquida	Lucro líquido/vendas	Exprime a rendibilidade global
Resultados por ação	Resultado líquido/número de acções	Corresponde ao dividendo potencialmente atribuível a cada ação

Na fase preliminar do projeto, o estudo de viabilidade económica consiste em calcular a rentabilidade numa base macroscópica. No entanto, esta fase de cálculo da rentabilidade é necessária para avaliar o risco e tomar a decisão de lançar o projeto, comparando também os cálculos previsionais com a realidade no terreno.

V .8.2. Os diferentes resultados da medição da rendibilidade

A demonstração de resultados fornece uma visão rápida da rentabilidade das actividades operacionais.

V .8.3. Resultados de exploração

Resultante da diferença entre os proveitos de exploração, essencialmente as vendas e certos subsídios, e as despesas de exploração (despesas gerais, custos de pessoal, etc.), uma medida do desempenho da gestão corrente da empresa, excluindo a política de financiamento.

V .8.4. Lucro líquido

Determina o desempenho anual global da empresa, para todos os ciclos combinados: operacional, financeiro e excecional. Obtém-se simplesmente adicionando as despesas operacionais, financeiras e excepcionais aos rendimentos de todos os tipos.

Do mesmo modo, os recursos utilizados por uma empresa podem ser medidos por :

Total do balanço: o total do ativo mede o conjunto dos bens e direitos utilizados pela empresa para produzir.

O capital próprio mede o conjunto dos recursos financeiros estáveis imobilizados pela empresa para fins de produção. [35]O capital social da empresa, que mede o conjunto dos recursos financeiros adiantados pelos acionistas da empresa.

A. Rendibilidade comercial ou empresarial

Este rácio exprime a rentabilidade de uma empresa em função do seu volume de negócios. É calculado da seguinte forma:

Rendibilidade comercial $= \frac{\text{Résultat net x 100}}{\text{Chiffre d'affaires}}$

Em seguida, determinamos a taxa de margem da empresa, o que nos permite estimar o lucro futuro da empresa em função da variação do seu volume.

Esta rendibilidade é obtida comparando o lucro com o volume de negócios antes de impostos, que é representativo da atividade. O rácio empresarial mais utilizado é a "margem líquida", que indica a proporção da atividade da empresa representada pelos lucros.

$$\text{Rácio da margem líquida} = \frac{\text{Résultat net}}{\text{CAHT}}$$

B. Rendibilidade financeira

Este rácio mede a rentabilidade em relação ao capital investido na empresa e pode ser avaliado de duas formas:

- Pela taxa de rendibilidade do capital próprio
- Pela taxa de rendimento dos recursos estáveis

* A taxa de rendibilidade dos capitais próprios. É determinada da seguinte forma:

Rendibilidade financeira $= \frac{\text{Résultat net x 100}}{\text{Capitaux propres}}$

É utilizada para medir o lucro obtido com os fundos fornecidos pelos acionistas. Taxa de rendibilidade do capital próprio

Rendibilidade comercial $= \frac{\text{Résultat net x 100}}{\text{Chiffre d'affaires}}$

$\frac{\text{Bénéfice distribuer}}{\text{capital}}$

Ou

* Taxa de rendimento de capitais estáveis ou de recursos sustentáveis.

Rendimento do capital permanente = $\frac{\text{Bénéfices+intérêts}}{\text{Ressources durables}}$

C. Rentabilidade económica

Este indicador mede a rendibilidade em relação aos activos fixos utilizados pela empresa para produzir. É calculado da seguinte forma:

Rentabilidade económica = $\frac{\text{Résultat net x 100}}{\text{Investissement total}}$

Este rácio é um indicador mais relevante da rendibilidade medida em termos de eficiência do processo de produção, também conhecido como a "rendibilidade de ....". Exprime a rendibilidade do conjunto dos capitais utilizados. Pode ser avaliado de várias formas:

Rendibilidade comercial $= \frac{\text{Bénéfice+intérêts}}{\text{Total actif}}$

Rendimento do capital utilizado $= \frac{\text{Bénéfice net}}{\text{Total actif}}$

D. Rendibilidade global

Mede a rentabilidade do conjunto dos activos utilizados pela empresa e é calculado da seguinte forma

Rendibilidade global $= \frac{\text{Résultat net x 100}}{\text{actif total}}$

V .8.5. Avaliação da rendibilidade

A estimativa da rendibilidade de uma empresa é, portanto, um bom indicador da sua eficiência ou do seu desempenho na sua função de produção. Por esta razão, o cálculo da rendibilidade de uma empresa deve ser acompanhado de uma comparação do seu nível de rendibilidade com o dos seus principais concorrentes, ou com a rendibilidade que alcançou no passado.

V .8.6 LIMIAR DE RENDIBILIDADE

V .8.6.1. Definição

O ponto de equilíbrio de um projeto ou de uma empresa é o nível de vendas líquidas para o qual não há nem prejuízo nem lucro e que gerará um lucro uma vez incluídos os custos operacionais correntes do período. Inversamente, se não atingir este nível, terá prejuízo, qualquer que seja a natureza da sua atividade (industrial, comercial, artesanal, independente ou agrícola).

O ponto de equilíbrio é o volume de vendas líquidas para o qual a margem sobre os custos variáveis cobre exatamente os custos fixos, o ponto de equilíbrio é sinónimo de vendas críticas; ponto de equilíbrio, ponto neutro, o seguinte

- O resultado é nulo quando o volume de negócios é igual ou igual ao limiar de rendibilidade.
- O resultado é positivo (lucro) se as vendas excederem o ponto de equilíbrio.

V.8.5.2 Objectivos

Para um projeto, para uma empresa, o ponto de equilíbrio é uma "luz intermitente" que é observada a todo o momento. Assim, num momento difícil, os gestores podem ter de se perguntar se devem continuar ou parar o negócio.

Permite-lhe :

- Identifique o nível de atividade abaixo do qual não deve descer, ou o nível a partir do qual a sua empresa se torna rentável;
- Medição do risco operacional ;
- Antecipar os resultados a alcançar no futuro;
- Compreender o impacto das variações dos custos na rendibilidade ;
- Saber qual o nível de quebra de atividade que a empresa pode suportar com a margem de segurança de que dispõe.
- Os parceiros que pode abordar estudarão o seu limiar de rentabilidade: banqueiro, investidor, parceiro, etc. Para o banqueiro, o limiar de rentabilidade é um indicador do risco do seu projeto. Quanto mais baixo for o ponto de equilíbrio, maior é o risco.
- Para os investidores, trata-se de estudar quando é que a sua empresa deixará de perder dinheiro e de indicar quanto tempo demorará até que o seu investimento seja compensado.

V.9. CÁLCULO DO LIMIAR DE RENDIBILIDADE

V.9.1. Primeiro método de cálculo

Para que o projeto atinja o ponto de equilíbrio, o resultado líquido de exploração terá de ser zero.

a) Margem sobre os custos variáveis = custos fixos

b) Margem sobre os custos variáveis-custos fixos = 0

c) Vendas líquidas - (custos variáveis + custos fixos) = 0

Exemplo

Temos à nossa disposição os seguintes elementos:

- Vendas líquidas 12.000.000$

- Custo variável	- 8.000.000$
- Margem sobre os custos variáveis	4.000.000$
- Custo fixo	- 3.500.000$
- Resultado líquido de exploração	500.000$

Com custos fixos de $4.000.000, o ponto de equilíbrio é atingido com um volume de negócios de $12.000.000.

Em primeiro lugar, é necessário distinguir entre custos fixos e variáveis:

- Em primeiro lugar, os custos fixos (trata-se de custos cujo nível não varia com o nível de atividade e que a sua empresa terá de suportar independentemente do seu volume de negócios.
- E, em segundo lugar, os custos variáveis (aqueles cujo montante varia proporcionalmente às flutuações da atividade empresarial).

Os custos fixos são geralmente considerados como :

- Rendas de bens móveis e imóveis ;
- Prémios de seguro (indemnização profissional, garantia)
- Despesas postais (selos) e de telecomunicações (telefone, ligação à Internet)
- Honorários pagos a prestadores de serviços externos (contabilista, advogado, notário, consultor fiscal)

Em contrapartida, os principais custos variáveis são :

- Compra de bens
- Custos de subcontratação
- Custos de produção dos produtos vendidos
- Com custos fixos de $1, o ponto de equilíbrio é atingido com um volume de negócios de $\frac{12.000.000}{4.000.000}$
- $:\frac{12.000.000 \times 3500000}{4.000.000}$ Como os custos fixos valem 3.500.000$, o limiar é atingido com um volume de negócios de equilíbrio = 10.500.000$.

O ponto de equilíbrio pode ser determinado através da seguinte fórmula:

$$\text{Ponto de equilíbrio} = \frac{\text{chiffre d'affaires net} \times \text{coûts fixes}}{\text{marge sur coûts variable}}$$

- Segundo método de cálculo

Concebido por :

SR: ponto de equilíbrio

Vendas: vendas líquidas

CF: custos fixos

CV: custos variáveis

MCV: margem sobre os custos variáveis

TMCV: taxa de margem sobre os custos variáveis

Limiar de rendibilidade $\frac{\text{coût fixe}}{\text{Taux marge sur coûts variable}}$

Se for expressa como uma quantidade

Limiar de rentabilidade em termos de quantidade $= \frac{\text{coût fixe}}{\text{Taux marge sur coûts variable}}$

Ou

$\frac{\text{coût fixe}}{\text{MCV unitaire}}$

T

Centro morto $= \frac{\text{Seuil de rentabilité x 365 jours}}{\text{chiffre d'affairenet}}$

Esta fórmula é aplicada quando o projeto é anulado, ou seja, 12 meses.

V.9.2. Melhoria do limiar de rendibilidade

[36]Podem ser utilizadas três variáveis para melhorar o ponto de equilíbrio:

- **Utilizar custos variáveis em vez de custos fixos;**

Esta estratégia consiste em tirar o máximo partido dos seus custos, ou seja, fazer com que a sua empresa incorra no menor número possível de custos fixos a favor dos custos variáveis. Desta forma, a sua estrutura de custos acompanhará a evolução da sua atividade.

No entanto, há que ter cuidado: esta técnica tem os seus limites, uma vez que o levará a subcontratar o maior número possível de operações e não deve, em caso algum, levá-lo a externalizar as competências-chave da sua empresa.

- **Reduzir o peso dos custos fixos**

Este método consiste em controlar o montante dos encargos fixos, adiando certas despesas, por exemplo, ou identificando substitutos menos dispendiosos).

fazer o seu negócio em casa (e depois encontrar instalações quando os recursos financeiros da sua empresa o permitirem) ou encontrar instalações numa zona um pouco menos procurada para poupar dinheiro.

- **Melhorar a sua margem sobre os custos variáveis**

Pode também atuar sobre as alavancas "tradicionais" da rentabilidade: o seu volume de negócios e a sua margem sobre os custos variáveis. Será possível aumentar o seu preço de venda sem afetar o seu volume de encomendas? Ou aumentar o cabaz médio dos seus clientes? No que diz respeito aos custos variáveis, tente negociar descontos e abatimentos com os seus fornecedores, comprometendo-se com um volume de encomendas.

CAPÍTULO VI. ANÁLISE DOS RESULTADOS

A análise dos resultados dá ao gestor uma ideia quantitativa dos progressos ou das expectativas da direção.

VI.1. DIAGNÓSTICO[39]

- O diagnóstico é o raciocínio que leva à identificação da causa (origem) de uma falha ou problema com base nos sintomas; um processo de avaliação.
- Detetar este estado de funcionamento consiste em identificá-lo e analisá-lo.

É importante fazer o diagnóstico, porque nos dá uma ideia do resultado.

O principal objetivo da análise e do diagnóstico com base na demonstração de resultados é compreender a formação do lucro líquido.

Este resultado pode ser definido como a diferença entre o montante das despesas efectuadas pela empresa e as várias receitas recebidas. Um resultado lucrativo é essencial para uma empresa, porque tem um efeito favorável sobre as condições que garantem a sua sobrevivência e desenvolvimento.

Do ponto de vista da análise financeira, o resultado é o elemento essencial para avaliar a rendibilidade da empresa e julgar a eficácia da gestão (gestão da qualidade).

Para avaliar a capacidade de uma empresa para gerar lucros e recursos internos, é necessário aprofundar a análise dos resultados operacionais e financeiros e eliminar a influência das operações excepcionais. Com efeito, não é um sinal encorajador para o futuro de uma empresa ou de um projeto se este conseguir finalmente gerar um lucro graças a uma mais-valia realizada na venda de uma atividade não corrente.

VI.2 OBJECTIVOS

Os objectivos do diagnóstico baseado na demonstração de resultados são :

- A contribuição de indicadores sintéticos objetivamente verificáveis, capazes de revelar tendências.
- Melhorar a compreensão do conteúdo e da dimensão dos pacotes financeiros.
- A expressão de uma ação orientada para os resultados.

Os fluxos de caixa relacionados com a operação do negócio durante o período e apresenta os resultados gerados.

A demonstração de resultados está estruturada em quatro níveis sucessivos: Actividades operacionais, actividades financeiras, actividades não recorrentes e impostos.

A estrutura da conta de ganhos e perdas no SYSCOHADA (Sistema de Contabilidade para a Harmonização do Direito Comercial em África) divide-se

[39] CHEVALIER. A et ROLLET, J. Organisation industrielle, production, entretien et manutention DE LA GRAVE, Paris, França, 1975

nas seguintes secções principais

QUADRO 13: DEMONSTRAÇÃO DE RESULTADOS SIMPLIFICADA

Despesas	**Produtos**
Despesas operacionais A: Resultado operacional	Receitas operacionais
Custos financeiros B: Resultado financeiro	Receitas financeiras
Encargos H.A.O	Produtos H.A.O.
D: Participação dos trabalhadores nos lucros	Produtos H.A.O.
E: Impostos/perdas	

Fonte : SYSCOHADA

VI.3 VIABILIDADE

Em gestão de projectos, um estudo de viabilidade é um estudo destinado a verificar se o projeto é tecnicamente exequível e economicamente viável. Em termos gerais, um estudo de viabilidade pode ser dividido nas seguintes secções: técnica, comercial, económica, jurídica e organizacional.

A gestão de uma empresa implica frequentemente a identificação dos projectos mais adequados à estratégia escolhida. O estudo de viabilidade é utilizado para determinar se os projectos potenciais são viáveis e desempenha um papel importante na escolha dos projectos.

Antes de iniciar a execução de um projeto. É importante perguntar se o projeto será rentável, se é tecnicamente viável ou se a empresa dispõe dos recursos financeiros, das competências, da estratégia, da capacidade operacional, etc. O estudo de viabilidade tem vários objectivos:

- Medir os objectivos a atingir,
- Avaliar as condições necessárias para o êxito do projeto (calendário, equipamento, competências, financiamento, etc.),
- Planear a execução do projeto,
- Estudar os diferentes cenários possíveis.

O estudo de viabilidade é geralmente realizado logo após a definição do projeto.

A realização de um estudo de viabilidade após a definição do objetivo do projeto, ou após as principais escolhas operacionais terem sido feitas, torna-o inoportuno.

Em muitos casos, o proprietário do projeto não dispõe dos recursos necessários para realizar um estudo de viabilidade convencional.

A validação da viabilidade do seu projeto é uma etapa essencial para evitar o desperdício de recursos num projeto que pode não ser bem sucedido.

Uma vez que os custos são a acumulação dos encargos de um produto, podem

ser utilizados vários custos para calcular o preço. São eles os custos fixos, os custos variáveis e os custos médios. A análise destes custos permite-lhe ter uma ideia mais precisa do preço a fixar, incluindo as despesas de funcionamento.
A realização de um estudo de viabilidade exige mais rigor e método (estratégia).

- Temos de avançar em várias fases;
- Avaliação das necessidades do projeto ;
- Avaliar o custo financeiro do projeto;
- Estudar os cenários possíveis;
- Escolher o cenário mais adequado.

VI.4 Estimativa dos custos de venda

Esta é uma fase muito delicada na vida de um produto: Definir um preço.
De facto, o preço não é fixado por acaso e deve corresponder a um certo número de critérios.
O objetivo é poder vender, ser rentável e assegurar o futuro da empresa a longo prazo.
Quando se trata de fixar os preços, as análises distinguem geralmente dois factores: os custos e a concorrência.
Este custo dependerá das variáveis envolvidas no transporte e na distribuição ao cliente.

VI.5 Concorrência

Os preços adaptados pelos concorrentes são um elemento importante na fixação dos preços, neste caso não temos o concorrente, mas sim refletir sobre o poder de compra dos habitantes.
O custo estimado é de $0,01 por 1Kw

$$Rendement = \frac{les\ frais\ d'abonnement\ X\ par\ le\ nombre\ d'habitants}{Charges\ d'exploitation}$$

Custo do investimento: $400.000 incl. IVA
O custo investido e a determinação da rentabilidade permitirão concluir se o projeto é ou não rentável.
Após um estudo detalhado do nosso projeto e das nossas investigações, conseguimos aumentar a capacidade de produção e fornecer mais a uma grande parte da população congolesa.

Modelo estratégico do HNB

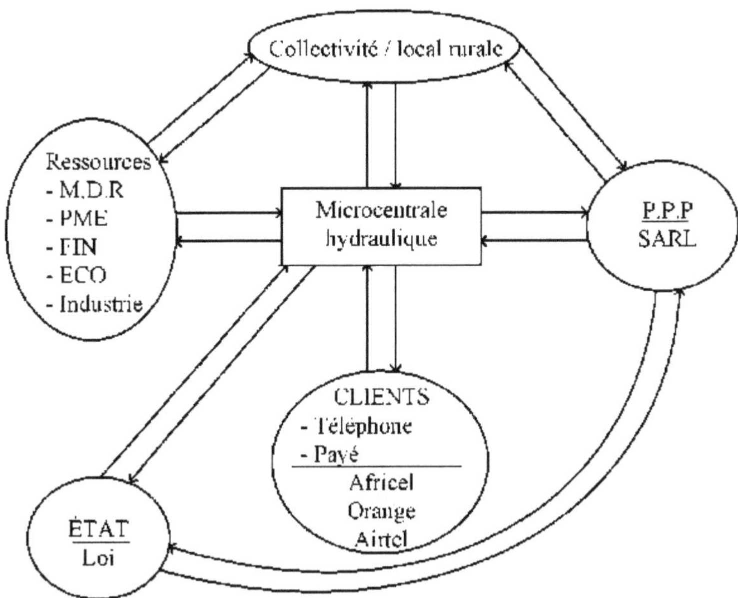

Legenda:

- HNB: Hubert NTUMBA BULELA ;
- P.P.P: Parceria Público-Privada
- SARL : Société par Action Responsabilité Limitee ;
- MDR: Ministério do Desenvolvimento Rural ;
- MPME: Ministério das Pequenas e Médias Empresas;

VI.6.1. Noção

O projeto que apresentamos abrange várias áreas em que é aconselhável criar uma ferramenta para facilitar e interpretar o nosso projeto, tanto a nível interno como externo, nomeadamente o plano de actividades.

VI.6.2. Definição

> O plano de negócios é um documento escrito utilizado para formalizar um projeto de criação de uma empresa ou de desenvolvimento de um negócio.

> Um plano de negócios é um documento (ou conjunto de documentos) no qual é apresentado um projeto empresarial. Como o próprio nome sugere, um plano de negócios apresenta um plano para o desenvolvimento económico e estratégico de uma empresa.

> É também um documento de síntese que permite ao empresário apresentar os detalhes de um projeto de forma simples e eficaz.

> É também um documento destinado a convencer um decisor a investir num

projeto empresarial.

Este documento descreve a forma como a empresa irá gerar rentabilidade, definindo todos os meios previstos para gerar receitas, a quem, com que objetivo e através de que meios.

VI.6.3. Objetivo

O objetivo do plano de actividades é enquadrar a empresa, ou seja, poder alterar as previsões iniciais para que sejam o mais realistas possível. No entanto, o plano de actividades não deve ser confundido com um estudo de mercado.

O plano de negócios é uma etapa necessária antes da criação de uma empresa, destinando-se aos investidores e trabalhadores da empresa e é um documento que influencia as decisões dos sócios. O seu principal objetivo é fornecer pormenores sobre o projeto (resumo, equipa, ideia de negócio, etc.).

1) Dados de mercado
2) Tendências futuras
3) Factores de sucesso

1) O PROJECTO

1) Apresentação
2) Proposta de valor
3) O chefe de projeto

2) ESTUDO DE MERCADO

1) Segmentos de marcha
2) Análise Swot
3) Análise da concorrência
4) Estudo do concurso
5) Vantagens competitivas

3) A ESTRATÉGIA

1) O plano de ação
2) O quadro do modelo empresarial
3) Estratégia de marketing
4) Plano de ação de marketing
5) Gestão do risco
6) Porque é que o projeto é viável

4) CONCLUSÃO DAS PREVISÕES FINANCEIRAS

1) Conta de ganhos e perdas provisória
2) Balanço previsional
3) Previsão do orçamento de tesouraria
4) Indicadores de desempenho
5) Cálculo e análise de WCR
6) Plano de financiamento

7) Investidores cessantes

O plano de actividades está estruturado em 5 partes, que se sucedem naturalmente para facilitar a sua leitura.

V I.7 OPORTUNIDADE DE MERCADO

[40]Dado que a energia eléctrica contribui para o desenvolvimento, com a nossa metodologia de inquérito e de observação, 98% da população está interessada nesta matéria.

O volume de negócios para a instalação de uma central microeléctrica situa-se geralmente entre 65 000 e 120 000 euros, para uma boa distribuição de energia.

Em termos de rentabilidade, a nossa PME gasta cerca de 30% do seu rendimento em equipamento e matérias-primas, 20% em rendas e custos administrativos e 5% em marketing e comunicação.

A rentabilidade de uma central microeléctrica situa-se geralmente entre 10 000 e 25 000 euros.

Esta parte mostra que conhece a sua caminhada, a sua dimensão, o seu valor e a sua dinâmica.

V I.8 TENDÊNCIAS

Dada a necessidade de energia, a procura está a aumentar no ambiente. A análise destas tendências mostra que está consciente da evolução dos hábitos de consumo e que desenvolverá um projeto que se adapta às necessidades e desejos do mercado.

V I.9 FACTORES DE SUCESSO

Exemplos de planos de actividades

- Localização e acessibilidade
- Relação qualidade-preço para a faturação do consumo
- Importância da energia eléctrica
- A implementação desta central microeléctrica criará riqueza

Esta parte do plano de negócios mostra que está consciente dos factores que lhe permitirão construir uma empresa sustentável e rentável.

V I.10 O PROJECTO

Depois dos antecedentes, eis a apresentação do nosso projeto.

Aqui, apresentamos o nosso projeto sob a forma de um objetivo, de modo a destacar alguns dos pontos fortes do nosso futuro negócio, que envolve a criação de uma central micro-hídrica para combater a pobreza.

V I.11 O DONO DO PROJECTO

O dono do projeto é originário da província de Kinshasa, na RDC. Estudei ciências comerciais e financeiras, com especialização em gestão estratégica e operacional na Universidade CEPROMAD, onde aprendi todas as competências

[40] Op.cit pp 100 - 1010

relacionadas com a gestão estratégica e operacional.

Por isso, tenho as competências de gestão necessárias para este novo projeto e, como estudante da escola de doutoramento do CEPROMAD, sou sociável e ambicioso, motivado e vou até ao fim nos meus projectos.

ieme Há quatro anos que sou chefe de projeto, trabalhando como assistente 2 numa instituição local oficial, assumindo várias funções académicas com uma cultura empresarial e capaz de liderar um projeto.

V I.12 ESTUDO NO LOCAL

V I.12.1 SEGMENTOS DE MERCADO

O nosso projeto situa-se a 120 km do centro da cidade, na zona urbano-rural conhecida como KINZONO, que se caracteriza por um estilo de vida oposto ao da cidade. São os agregados familiares e as actividades geradoras de rendimentos que mais interessam.

VI.12.2 MATRIZ SWOT

Aqui, vamos colocar-nos algumas questões possíveis:

1. Quais são os pontos fortes e as oportunidades que nos permitirão ganhar quota de mercado?
2. Que factores podem ameaçar o nosso desenvolvimento?

VI.12.3 FORÇAS

- Não há eletricidade no bairro de KINZONO, nem mesmo nos arredores
- Procura apoiada por estudos de mercado
- Experiência do chefe de projeto
- Apoio dos residentes locais
- Não eletrificação desta zona urbano-rural

VI.12.4 FRAQUEZA

- Crescimento parcialmente dependente
- Falta de notoriedade
- Fraca capacidade financeira no arranque
- Investimento inicial consequente

VI.12.5 ACTAS

- Parcerias com operadores económicos
- Eventos com produtores locais
- Publicidade nas redes sociais
- Criar um franchise a longo prazo
- Desenvolvimento excessivo de

A matriz SWOT é a estrutura preferida para apresentar o ambiente competitivo num plano de negócios.

VI.13 ANÁLISE DA CONCORRÊNCIA

A nossa estrutura está melhor posicionada para o mercado

Dimensões

Fórmulas de preços pequenos ou de venda

O estabelecimento oferece pacotes a baixo custo?

Localização

O estabelecimento está situado numa zona de captação dinâmica?

Método de produção A central microeléctrica tem capacidade para produzir energia eléctrica?

A nossa estrutura não tem concorrentes, estamos num ambiente saudável onde não há concorrentes.

Encontrará esta parte essencial, que explica como podemos implementar a nossa estratégia para sermos rentáveis.

Adaptámos os elementos estratégicos ao sector em questão, para que você (o nosso parceiro) possa também utilizá-los para encontrar clientes e aumentar o nosso volume de negócios.

VI.14 PLANO DE ACÇÃO TRIENAL

O desenvolvimento da nossa central microeléctrica e de toda a nossa gama de serviços processar-se-á em várias etapas.

ANO 1

- Plano de negócios
- Procura de parceiros financeiros
- Trabalho e melhorias na organização
- Teste de diferentes zonas de distribuição da rede eléctrica
- Criação de sítios Web para sugestões e perceção

ANO 2

- Desenvolvimento e extensão das redes eléctricas
- Investimento maciço para atrair novos clientes
- Desenvolvimento de parcerias com produtores locais

Encontrará um plano de ação a 3 anos, elaborado pelos nossos especialistas e adaptado ao sector em questão.

Optámos por implementar este plano na nossa empresa e esta parte do plano de negócios mostra que somos organizados e temos uma visão a longo prazo para o nosso projeto empresarial.

ANO 3

- Estudo de mercado com vista a uma eventual franquia do conceito.
- Criação de um novo orçamento previsional para a abertura de um segundo estabelecimento.
- Contratação de um DIRETOR-GERAL para delegar tarefas.

VI.16 MODELO DE NEGÓCIO

Este plano de negócios incide sobre a oportunidade de mercado, o projeto, o mercado, a estratégia e o financiamento.

Aqui analisamos como podemos gerar rendimento e lucro.

PARCEIROS Fornecedor de equipamentos Autoridade local Prestadores de serviços Monitorização da rede de distribuição de eletricidade	**ACTIVIDADES-CHAVE** Venda da eletricidade produzida pela central microeléctrica **PRINCIPAIS RECURSOS** Empregados Equipamento elétrico Ferramentas de trabalho	**PROPOSTA DE VALOR** • Autêntico e local • Cortesia • Serviço

RELAÇÃO COM O CLIENTE

Redes sociais

Cara a cara

Serviço ao cliente

Sítio Web e blogue

DISTRIBUIÇÃO

No local

Entrega

Transporte elétrico

VI.17 ESTRATÉGIA DE MARKETING

A nossa estratégia para atrair clientes

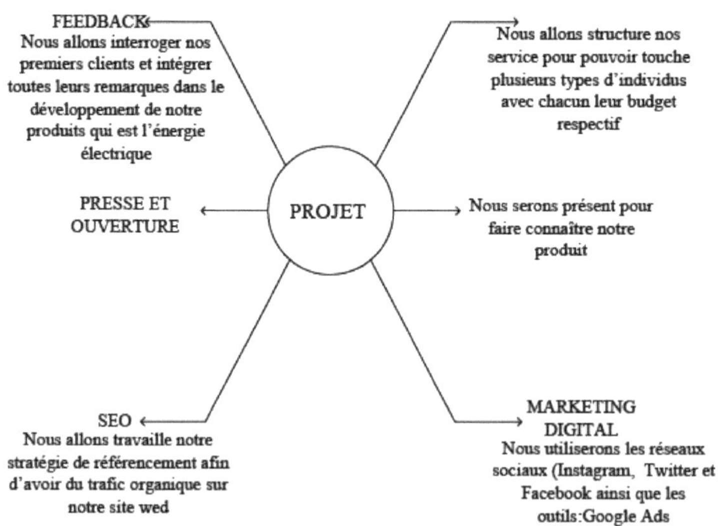

FEEDBACK

Iremos entrevistar os nossos primeiros clientes e incorporar todas as suas opiniões no desenvolvimento do nosso produto de energia eléctrica.

IMPRENSA E ABERTURA

Vamos estruturar os nossos serviços para podermos chegar a vários tipos de indivíduos, cada um com o seu próprio orçamento

> Estaremos presentes para promover o nosso produto

SEO <■

Vamos trabalhar na nossa estratégia de SEO para tráfego orgânico para o nosso nosso sítio web wed

MARKETING DIGITAL Utilizaremos as redes sociais (Instagram, Twitter e Facebook), bem como as seguintes ferramentas:Google Ads

VI.18 GESTÃO DOS RISCOS

Adoptamos uma abordagem proactiva e já identificámos os riscos potenciais e a sua gestão.

Quadro 14: Gestão dos riscos

Evento	Nível de risco	Impacto	Gestão
Atraso no desenvolvimento	Médio	Muito elevado	Este risco foi incluído no nosso plano para garantir o cumprimento dos prazos.
Diferença entre o que nós e esta procura o mercado	Baixa	Muito forte	Já validámos o interesse do mercado falando com os nossos potenciais clientes e continuamos a ter em conta o feedback dos utilizadores, apesar de existir uma estação de micropower.
Atrasos na procura de financiamento	Baixa	Muito forte	Os bancos mostraram interesse em nós. Temos fundos disponíveis para iniciar o nosso projeto de implementação de um micro-central eléctrica em KINZONO

Esta parte mostra que somos proactivos, que considerámos os riscos potenciais e que até já pensámos numa solução para mitigar o impacto desses riscos.

VI.19 UM PROJECTO SÓLIDO E RENTÁVEL

Seis argumentos que provam a viabilidade económica e financeira do nosso projeto.

CAMINHAR	FINANÇAS

Estamos num mercado dinâmico que está a crescer todos os anos NICHE Operamos num nicho onde a concorrência é reduzida REDES SOCIAIS Já temos uma comunidade ativa que nos segue nas redes.	As nossas previsões financeiras mostram que atingiremos rapidamente o nosso ponto de equilíbrio. PARCEIRO Vamos rodear-nos de parceiros que apoiarão o nosso crescimento. EXPERIÊNCIA O chefe de projeto tem uma experiência significativa em 1 indústria.

Esta última secção (antes das conclusões da previsão financeira) apresenta um resumo convincente das razões pelas quais o nosso projeto é viável e merece financiamento.

VI.19.1 FINANÇAS

1. CONTA DE GANHOS E PERDAS PROVISÓRIA
2. BALANÇO PROVISÓRIO
3. PREVISÃO DE FLUXO DE CAIXA ORÇAMENTO
4. INDICADORES DE DESEMPENHO
5. CÁLCULO E ANÁLISE DO BFTR
6. PLANO DE FINANCIAMENTO
7. INVESTIMENTO INICIAL

Por último, a secção financeira permite ao leitor avaliar a rentabilidade futura e a solidez financeira do seu projeto empresarial.

Queremos que as nossas previsões financeiras sejam fáceis de construir, que estes modelos sejam simples de utilizar, completos e que permitam solicitar financiamentos operacionais aos parceiros financeiros.

VI.19.2 DEMONSTRAÇÃO DE RESULTADOS PROVISÓRIA

Nos próximos 3 anos.

Quadro 15: Demonstração de resultados provisória

Elementos	Ano 1	Ano 2	Ano 3
Números de vendas	150 000$	200 000$	255 000$
Despesas de funcionamento	30 000$	35 000$	40 000$
Resultado operacional	31 000$	32 000$	33 000$
Receitas financeiras	30 000$	34 000$	38 000$
Custos financeiros	10 000$	12 000$	14 000$

Resultado financeiro	50 000$	51 000$	53 000$
Impostos e importações	10 000$	15 000$	18 000$
Resultado	311 000$	379 000$	451 000$

A demonstração de resultados previsionais mostra se uma empresa terá lucros ou prejuízos nos próximos anos.

VI.19.3 BALANÇO PROVISÓRIO

Quadro 16: Balanço previsional

Elementos	Ano 1	Ano 2	Ano 3
ACTIVO Activos não correntes Activos correntes	 80 000$ 50 000$	 85 000$ 55 000$	 90 000$ 60 000$
PASSIVO Capital próprio dos acionistas Dívidas	 85 000$ 90 000$	 90 000$ 91 000$	 93 000$ 94 000$

Nos próximos 3 anos

O balanço projetado é utilizado para analisar a situação financeira futura de uma empresa.

VI.19.4 ORÇAMENTO PREVISIONAL DOS FLUXOS DE TESOURARIA

Nos próximos 3 anos

Quadro 17: Previsão dos fluxos de caixa

Elementos	Ano 1	Ano 2	Ano 3
Colecções Fluxo de caixa operacional Fluxos de financiamento Fluxos de investimento	 45 000$ 60 000$ 70 000$	 50 000$ 62 000$ 75 000$	 52 000$ 69 000$ 80 000$
Desembolsos Fluxo de caixa operacional Fluxos de financiamento Fluxos de investimento Fluxo de caixa Saldo de caixa	 10 000$ 8 000$ 13 000$ 10 000$ 15 000$	 9 000$ 8 000$ 10 000$ 8 000$ 10 000$	 8 000$ 7 000$ 7 000$ 7 000$ 7 000$

Nos próximos 3 anos

O orçamento previsional dos fluxos de tesouraria apresenta as despesas e as previsões sob a forma de fluxos de tesouraria.

VI.19.5 INDICADORES DE DESEMPENHO

Quadro 18: Indicadores de desempenho

Elementos	Ano 1	Ano 2	Ano 3
Números de vendas	300 000$	350 000$	400 000$
Vendas + produção efectiva	100 000$	150 000$	200 000$
Margem global	180 000$	185 000$	200 000$
Excedente bruto de exploração	100 000$	105 000$	108 000$
Resultado operacional	90 000$	100 000$	105 000$
Resultado atual	80 000$	90 000$	100 000$
Resultado	70 000$	80 000$	90 000$
Fluxo de caixa	80 000$	90 000$	100 000$

VI.19.6 NECESSIDADES DE FUNDO DE MANEIO

Quadro 19: Necessidades de fundo de maneio

Elementos	Ano 1	Ano 2	Ano 3
NECESSIDADES			
Stock de materiais	100 000$	105 000$	110 000$
Créditos comerciais	90 000$	100 000$	160 000$
IVA a receber	100 000$	150 000$	160 000$
Recursos			
Contas a pagar	170 000$	180 000$	200 000$
Dívidas sociais	160 000$	190 000$	210 000$
Dívida de IVA	80 000$	85 000$	90 000$
Dívida fiscal	58 000$	60 000$	65 000$
WCR	250 000$	300 000$	255 000$
Variação da WCR	100 000$	105 000$	300 000$

As necessidades de fundo de maneio representam os fundos necessários a uma empresa para financiar o seu ciclo de exploração.

VI.19.7 PLANO DE FINANCIAMENTO

Nos próximos 3 anos Quadro 20: Plano de financiamento

Elementos	Ano 1	Ano 2	Ano 3
NECESSIDADES			
Investimentos	400 000$	410 000$	500 000$
Variação da WCR	300 000$	310 000$	360 000$

Reembolso de empréstimos bancários	50 000$	45 000$	30 000$
Recursos Contribuição de capital Contribuição da balança corrente associados Assinaturas de empréstimos Variação da WCR Fluxo de caixa Variação de caixa e equivalentes de caixa	 400 000$ 300 000$ 50 000$ 60 000$ 100 000$ 10 000$	 20 000$ 70 000$ 110 000$ 15 000$	 10 000$ 80 000$ 90 000$ 18 000$

O plano de financiamento garante o equilíbrio financeiro de um projeto, medindo as suas necessidades e recursos.

CONCLUSÃO GERAL

Chegámos ao fim do nosso estudo intitulado : Análise da rentabilidade da energia eléctrica produzida por uma micro-central hidráulica, o caso de KINZONO, dado que a energia contribui para o desenvolvimento económico e social de uma nação, É por esta razão que quisemos dotar a localidade de KINZONO, situada na comuna de MALUKU, de uma micro-central eléctrica moderna que lhe permita sair do seu estado rural para o da cidade. Com base no estudo de indicadores objetivamente verificáveis, confirmamos que é rentável, dada a sua necessidade.

No entanto, é essencial um trabalho mais aprofundado sobre as expectativas, os destinatários e os objectivos de desenvolvimento da comunidade, a fim de generalizar este modelo de microplanta.

A decisão de criar uma estrutura de eletrificação rural deve ter em conta não só a rentabilidade do projeto, mas também o seu impacto social e os seus efeitos no ambiente.

A eletrificação rural é um fator importante para o desenvolvimento das zonas rurais e urbano-rurais, mas é apenas um ingrediente deste processo. Tem de ser integrada num programa de desenvolvimento com todos os outros ingredientes do processo: educação, sensibilização, ambiente (estradas, etc.), serviços sociais e de saúde e acesso da população ao crédito, aos factores de produção e a outros serviços.

Em todos os casos, as soluções adequadas devem ser um compromisso entre considerações económicas, ambientais e sociais e, sobretudo, envolver a população como principal beneficiária e interveniente.

Sendo a energia a força motriz de todo o desenvolvimento socioeconómico, ninguém ignora o contributo significativo dos serviços energéticos para a dinamização de todos os sectores do desenvolvimento económico e social, bem como a sua importância em todas as actividades humanas para a obtenção de melhores condições de vida.

Apesar dos importantes trunfos da República Democrática do Congo em termos de recursos energéticos (hidroeletricidade), a taxa global de eletrificação é demasiado baixa, sendo ainda pior nas zonas rurais (1%). O consumo per capita tem vindo a diminuir desde 1990.

Sugerimos que o programa de desenvolvimento seja aplicado sem falhas, porque é aí que reside o problema na República Democrática do Congo.

1. O país precisa de desenvolver e promover as energias novas e renováveis, enquanto se aguarda a realização de grandes obras de desenvolvimento em zonas hidráulicas, para que a eletricidade local possa chegar às habitações, mesmo nas zonas rurais.

2. A intensificação da investigação e da exploração das bacias sedimentares poderia reduzir a dependência energética excessiva da República Democrática do Congo.
3. Face à deterioração dos termos de troca e a uma economia extrovertida, é necessário criar um verdadeiro quadro jurídico muito atrativo para os investimentos públicos e privados, preservando a parte do Estado, que deve ser significativa.
4. Restabelecer a boa governação através de uma gestão rigorosa e racional dos recursos financeiros e energéticos, tendo em conta as necessidades do povo congolês.
5. Promover o conhecimento da gestão operacional e estratégica no sector da energia.

O Estado congolês não pode, por si só, responder eficazmente a estes desafios energéticos devido à insuficiência dos recursos financeiros do Estado, que deve fazer face a uma série de prioridades. A insuficiência das iniciativas privadas no sector da energia e a falta de financiamento são alguns dos obstáculos à revitalização do sector da energia na República Democrática do Congo.

BIBLIOGRAFIA

I. OBRAS

1. APCE : (Agence pour la creation d'entreprises, creer ou reprendre une entreprise, 13e Edition, Edition d'organisation, Paris 2000.

2. BIZAGUET Armand, Pequenas e médias empresas. Que sais - je ? PUF, Paris 1991;

3. BIZARGUET. A, le secteur public et la privatisation, Paris, PUF, 1980, P52

4. BERNOUX; P, la sociologie des organisations Paris, Ed du Seuil, 2006, Pp 32 - 38.

5. BRUNS e STALKER, the management of innovations, Oxford, Ed oup. Oxford, SD

6. CHEVALIER, A. e ROLLET, J., Organisation industrielle, production, entretien et manutention, Librairie DELAGRAVE, Paris, França, 1975.

7. DE COSTER, Michel, Sociologie du travail et gestion du personnel, coleção gestion et organisation des entreprises, Editions Labor, Bruxelas, 1987.

8. DESBASEILLE, Gerard, Exercices et problemes de recherche operationnelle, Dunod, Paris, 1976.

9. DIANKABU e DJIBU, estudo crítico e proposta para a rede MT.

10. DIEYE Alioune, Regime jurídico das sociedades comerciais e do GIE no espaço OHADA, Acte uniforme sur le droit des societes commerciales et du GIE (AUSGIE) revise en 2014, 4ª Edição, AZIZ DIEYE, 2014.

11. ENREGLE, Yves e THIETART, Raymond - Alain, Precis de direction et de gestion, Edition d'organisation, Paris, França, 1978.

12. ieme Eric LUZOLO, nota do curso de Eletrotecnia, 2.ª Licenciatura ISPT - KIN, 2010 - 2011.

13. eme FAYOLE Alain, Entreprenariat, apprendre a entreprendre, 2 Edition, DUNOD - strategie de l'entreprise, Paris, 2007.

14. FRANCIS PARIS, Missions strategiques de l'equipe dirigeante, Dunod - Entreprise, Bayeux, França, 1980.

15. Gode ATSWEL OKEL MUTONGI, Gestão de aprofondi, Universidade/Escola de Doutoramento CEPROMAD, ano académico 2020 - 2021.

16. HELFER e ORSONI, Marketing, vuilbert, 2007.

17. IBULA MWANA KATAKANGA, La consolidation du management publicau Zaire, PUZ, 1987.

18. JACQUES - DANIEL ROCHAT, Creer et gerer une entreprise, Editions ROC, Paris 2010.

19. KHUZAMA e VIKOIS, mestre de pré-pagamento 2010.

20. KHUZAMA e VIKOIS, si monofásico. Sistema de alta distribuição 2010.

21. LA REPONSE AU DEFICIT du Leadership et de la Gouvernance en Afrique, Editions CEPAS, 2018.
22. LACRAMPE, Serge, Systeme d'information et structure des organisations, Ed. Hommes et techniques, Suresne, França, 1974.
23. LAFLAMME, Marcel, Dix approches pour humaniser et developper les organisations, Gaëtan Mortin et Associes, Quebec, 1976.
24. LAUZEL, P. col. MUSSIER, G., Lexique de gestion. Entreprise moderne, d'Edition, Paris, 1970.
25. O CONGO EM QUEDA DE UMA LIDERANÇA POLÍTICA de mudança através de eleições livres e democráticas. Conferência - debate realizado de 2004 a 2007, Edições Cerdaf, 2017.
26. LEDEARSHIP AND RESPONSIBILITY, Associação ISOKO - KIVU, 2010.
27. LUKENI LU NYIMI, Comment creer une PME au Zaire, formalites juridiques essentielles, 2nd Edition, Kinshasa, 1997.
28. [A]MABI MULUMBA, l'entreprise privee installee au Kasai face a l'environnement economique national, Actes de colloque organisé par l'Universite de Mbuji - Mayi.
29. MANUEL D'ORGANISATION, EO/FP, coleção EO - formação permanente, Edition d'organisation, Paris, 1978.
30. MAXWELL, C. JOHN, Les regies d'or du leadership lemons apprises, Editions du Tresor cache, 2012.
31. MAXWELL, C., Os princípios da gestão, Priorite Education, janeiro de 2014.
32. MONTARETTO, MS., Manuel pour la direction du personnel, Ed. Hommes et techniques, 1972.
33. MUTSHI MUGUMO, Ferdinand, Les projets ; techniques d'évaluation et evaluation, Editions pensee Africaine 2005, 2010.
34. OKAMBAWA Wilfrid,. Le super leadership par le depouillement et l'amitie (Jn 3, 30), publicado por Lux Afrise, 2016.
35. OMOMBO OMANA ? Adrien, Le portefeuille de l'Etat et l'ajustement de l'économie de la Republique Democratique du Congo ; une autre maniere de comprendre la necessite de restructurer les entreprises appartenant a l'Etat Congolais, D/1997/Hipolyte Zere, Editeur.
36. REC/MODE, RURAL distribution and energy management in developing countries, março de 2008, Perc electrification et transformalier, Kinshasa 2019.
37. Reforma de 07 de julho relativa à transformação das empresas públicas em sociedades comerciais, estabelecimentos públicos ou serviços públicos, empresas públicas e empresas públicas a extinguir.

38. REVUE POLITIQUE ET MANAGEMENT PUBLIC N°02, Vol 8, junho de 1990.
SNEL, Etude et suivi d'electrification transformaliere et rural, formação Kinshasa, 05/07/2010.
39. TSHIBUABUA KAPY'A KALUBI, Benoit - Janvier, Cours d'action de direction et hierarchie fonctionnelle, ministrado na ENA - RDC, 2013.
40. TSHIBUABUA KAPY'A KALUBI, Benoit - Janvier, Cours de gestion previsionnelle des emplois, des effectifs et des competences dispense a l'ENA - RDC 2013, 2014 et 2015.
41. ZUKA MONDO UGONDA - LEMBA, Georges, Management et gestion de l'entreprise, Editions CEDESURK, Coleção " Sciences sociales, Politique et Administrative " Iere Edition, Kinshasa 2012.

II. NOTAS DE CURSO

1. Ingenieur Bernardin MBOL, Garantia de qualidade da escola de doutoramento UNIC, ano académico 2020 - 2021.
2. Professora Angele NSAMAN: Seminário sobre as cinco funções dos mandamentos UNIC doctoral school, ano académico 2020 - 2021.
3. Prof. Angel ONSIN N'SAMAN, a liderança, como função de organização e de comando, CEPROMAD, DEA, 2020. Pp 39 - 78.
4. Prof. Bernardin M. Gestão do desempenho, CEPROMAD, DEA, 2019.
5. Professor PALAMA Francois, escrita científica rara, escola de doutoramento UNIC 2020 - 2021.
6. REC/Índia, Rural power distribution and energy management in developing rural countries, março de 2008.

III. OUTROS DOCUMENTOS

1. OCDE, 2013, *Dez princípios para promover uma melhor gestão e administração*.

IV. DOCUMENTOS OFICIAIS

1. emeOHADA, Traite et actes uniformes commentes et annotes, 4 Edição juriscope, 2012.
2. JORNAL OFICIAL, n.º Especial, 27 de fevereiro de 2013, vários textos sobre as reformas fiscais de 2013.
3. OHADA, Adenda aos textos revistos e comentados. JO, fevereiro de 2014, Juriscope, 2014.
4. JOURNAL OFFICIEL, n° Special, 28 de março de 2014, la reglementation du changer en RDC.

V. WEBOGRAFIA

1. BUGEIA.J.w.w.w.com, cours conducteur et cable, page consultee le 02/02/2021.wikipedia encyclopedie libre http// :

2. www. wikipedia.com.reseau electronique, página consultada em 05/09/2021.
3. http: //www.imf.org/extemal/np/sec/misc/qualifiers. htm
4. http://www2.ohchr.org/english/bodies/cedaw/docs/ngos/CCEDEF_DRC55_F ouTheSession_en.pdf
5. GSMA, https: //www.gsma.com/mea/
6. http://w-28-ww.pointu-magazine.com/1
7. http: //www.pitou-magazine.com/1 -28 A VIVRE.php
8. http: //www.science. univ nantes.fr/sites/claudes sai ntblanquet/synophys/41ene rgy/.htm
9.http://www.futurasciences.com/magazines/environnement/info/dico/d/enrgie_renou_velablement-primaire_693
10. http://www.cea.fr/jeunes/mediatheque/animations-flash/energies/les-divers-sources-d-energie.
6. Banco Mundial (2017) Expansão do acesso e dos serviços de eletricidade na RDC (EASE)

APÊNDICE

Apêndice 1

Princípios de gestão

1. Especialização profissional

Este princípio depende da dimensão da empresa: num determinado momento, a empresa pode concentrar certas tarefas num único posto de trabalho, mas noutro momento, tem de definir tarefas específicas que não devem ser concentradas num único posto de trabalho, mas repartidas por vários postos de trabalho, onde são criados novos organismos para substituir o organismo inicialmente responsável por essas tarefas.

2. Responsabilidade

É a obrigação de responder pelos seus próprios actos ou pelos de outrem em caso de delegação de poderes ou de deveres.

A responsabilidade é simbolizada pela autoridade ou poder do gestor para fazer ou não fazer algo, que é justificado pelo direito do gestor de mandar e ser obedecido de forma estatutária ou não estatutária (autoridade pessoal).

Tendo em conta o que precede, a responsabilidade pode ser de vários tipos a responsabilidade jurídica, que consiste numa série de operações, quer de ação judicial em nome da empresa ou da organização como acusador, quer de recurso ao tribunal como defensor; a responsabilidade económica, que diz respeito aos resultados da empresa ou da organização, cujo sucesso ou insucesso é da responsabilidade de quem tem a autoridade ou o poder de injunção e de ser respeitado; Destes tipos, existe ainda a responsabilidade sócio-política, que consiste em fazer da autoridade cujos efeitos se está disposto a aceitar pelos actos praticados, sejam eles positivos ou negativos e, por fim, a responsabilidade administrativa é a que diz respeito aos actos administrativos da autoridade e da direção em que esta tem o poder de fazer ou de mandar fazer e, portanto, as consequências podem ser imediatas ou remotas.

3. Disciplina

São essencialmente a obediência, a diligência e a submissão, que devem ser respeitadas em conformidade com os acordos estabelecidos entre a empresa e os seus trabalhadores. As autoridades que não respeitam os compromissos que assumiram com os seus trabalhadores e, inversamente, se a autoridade não é respeitada pelos subordinados, são designadas por indisciplina, que deve geralmente desempenhar um papel preponderante no bom funcionamento e no funcionamento normal da empresa ou da organização.

É de notar que, numa empresa ou organização, a disciplina é um fator muito importante para o êxito das acções e para o progresso da empresa ou organização.

Neste sentido, a disciplina é para a empresa ou organização o sangue no corpo humano.

4. Subordinação

Este é o princípio que permite observar que as ordens estabelecidas entre pessoas ou agentes são respeitadas de modo a que uns dependam dos outros. Esta é a noção de dependência entre os agentes de uma empresa.

Além disso, a subordinação é também uma função da dependência do interesse particular em relação ao interesse geral.

5. A unidade de comando

Este princípio exige que cada agente receba ordens ou instruções do agente que lhe está acima.

Para evitar a anarquia, não é aconselhável que um membro do pessoal receba ordens de mais de dois diretores hierárquicos (duplo comando), caso contrário terá dificuldade em aplicar o princípio da subordinação em caso de contradições entre diretores hierárquicos.

6. A unidade de gestão

Trata-se de um líder único, de um programa único para um conjunto de operações que visam o mesmo objetivo. Não devemos procurar que as acções sejam realizadas por vários departamentos ao mesmo tempo, e não devemos diversificar, porque devemos observar a regra da coordenação e da convergência de esforços para atingir os objectivos da empresa.

7. Centralização ou descentralização

Este é o princípio que permite à empresa reunir num único centro de poder todas as acções contra aqueles ou operações que estão ligados a uma autoridade, a fim de reduzir a importância da subordinação. Trata-se de encontrar os limites entre os agentes da empresa, concentrando as tarefas num único chefe ou autoridade e, por outro lado, a descentralização diz respeito à liberdade de atribuir certas acções a outros, quer por acordo de I

Esta autorização pode ser concedida através de uma notificação oficial ou de uma autorização legal.

Quer se trate de concentração ou de descentralização, recomenda-se que a relação de colaboração seja efectiva e que se chegue a um consenso formal em caso de divergências.

8. Hierarquização

Dentro de uma empresa, este princípio estabelece um tipo de organização social que especifica relações de poder ascendentes entre os agentes, onde um todo é ordenado através de uma relação de ordem em que um agente é superior a outro e ao seguinte.

A hierarquia é também um conjunto de pessoas que têm autoridade numa empresa ou organização para garantir o cumprimento dos objectivos. Consequentemente, qualquer ação tomada por um agente subordinado deve ser comunicada à autoridade superior, que guarda e analisa o relatório.

9. Espírito de corpo

O esprit de corps é semelhante à unidade do pessoal de uma empresa. Esta é uma força para a empresa, porque "a força está nos números", e devemos esforçar-nos por estabelecer a unidade dentro da empresa para que, quando trabalhamos juntos, só possamos ter sucesso e ganhar. É importante evitar a divisão, pois a dispersão de forças conduz frequentemente ao fracasso. Para o efeito, a unidade é uma função do pensamento sistémico.

10. A ordem

É o princípio que preconiza a disposição racional e lógica das coisas umas em relação às outras, com o objetivo de colocar a empresa numa situação de utilização regular, de tranquilidade, de harmonia, de disciplina, de precisão, etc.

Esta ordem pode ser baseada no grau, no posto, na classe, no valor, ... para que a empresa ou a organização evolua em harmonia onde cada lugar, cada coisa e cada coisa, o seu lugar devem evitar a anarquia se a sociedade tiver estabelecido a sua ordem. Chama-se ordem social, e é uma função de uma boa organização para obter melhores resultados (melhores desempenhos).

É uma questão de ordem nas estruturas, no funcionamento dessas estruturas e nas missões ou tarefas pelas quais cada pessoa é responsável.

11. Estabilidade do pessoal e do emprego

É o princípio que exige que a coisa regresse ao seu estado de equilíbrio após a sua perda devidamente estabelecida. Assim, quando um membro do pessoal levou tempo a desempenhar as funções fixas de um determinado posto, precisa ainda de tempo para ser reafectado, a fim de se adaptar a novas funções e demonstrar aptidão.

Note-se que a estabilidade do pessoal e do emprego não se confunde com a rotina, pois manifesta-se no dinamismo na resolução dos problemas da empresa ou da organização e na capacidade de tomar medidas adequadas que excluem a aprendizagem e a gaguez inútil que não faz sentido em nome da organização ou da empresa.

12. Remuneração

Qualquer ação que mereça um salário como recompensa pelos serviços prestados ou pelo trabalho efectuado por um agente de uma empresa.

Esta remuneração pode assumir várias formas: salário, pagamento ao dia, ordenado, senhas de presença, nomeação, dividendos, juros, lucros, etc. No entanto, deve também ter em conta vários parâmetros que a tornam condigna com o poder de prestar um serviço consequente ao trabalhador.

Note-se que esta pode ser em dinheiro, por tarefa, em peças ou em espécie, e não está sujeita às diversas deduções que limitam o seu poder e a sua libertação em locais que favoreceriam o desperdício. Deve admitir-se que, sociologicamente, a remuneração deve ser objeto de uma reflexão responsável aquando da sua fixação.

13. Equidade

É o princípio do tratamento justo e equitativo, em que cada um é tratado de acordo com o seu direito ou mérito.

Note-se que a equidade é uma função da proporcionalidade, que é frequentemente objeto de grande controvérsia. E. Hay falou disso naquilo a que chamamos o método Hay de resposta a este princípio para uma empresa que quer responder à sua responsabilidade social.

A distribuição equitativa e justa da riqueza da empresa permite-lhe controlar as tensões salariais entre os trabalhadores a nível vertical e horizontal, a fim de evitar discriminações, que estão na origem de muitos conflitos laborais.

14. A iniciativa

Com efeito, qualquer dirigente de empresa que tome iniciativas com o seu pessoal é infinitamente superior aos que não o fazem. A inovação e a criatividade devem ser a marca dos gestores e das autoridades da empresa, quer estejam a mudar, a modificar, a adaptar ou a integrar. Muitos autores preferem falar de princípios como infinitivos, nomeadamente: planear, organizar, selecionar, dirigir, coordenar, comandar, relatar, avaliar, mobilizar, controlar, desenvolver, acompanhar, encorajar, supervisionar, formar, informar, comunicar, diagnosticar, analisar,... como acções regulares que devem ser realizadas pelos agentes da empresa ou organização quando esta é funcionalmente harmoniosa.

15. Manter em reserva os ficheiros e os documentos administrativos.

Para uso futuro e consultivo, perto e longe. O conceito de correspondência é de extrema importância e obriga a empresa ou organização a manter os seus ficheiros e documentos que regem a sua administração. A guarda adequada dos processos e documentos administrativos num estado de reserva desejado é o princípio administrativo sob a supervisão do capital que, geralmente, prefere criar uma célula única e unívoca de armazenamento denominada célula de arquivo que deve depender da autoridade principal devido ao seu carácter discricionário e confidencial.

16. Recrutamento para funções

É o princípio de testar o mérito e o desempenho do trabalho a tempo inteiro em condições melhores e aceitáveis, com base em normas internacionais.

É desejável que o recrutamento se efectue quando existe uma vaga em que a competitividade é recomendada. Para que tal seja objetivo, o recrutamento para os lugares vagos deve ser oficial e todos devem poder participar se preencherem as condições.

É igualmente de referir que o recrutamento pode ser efectuado numa base concorrencial ou de mérito. O para-quedismo é um método de recrutamento frequentemente associado a vários problemas funcionais no futuro.

Além disso, as relações interpessoais podem influenciar o recrutamento, pelo que este facto não deve comprometer o bom funcionamento da empresa ou da organização quando há uma mudança dos dirigentes que a dirigem.

"Não se pode recomendar alguém se não se confia nessa pessoa e se não se partilha o mesmo espírito, porque a imagem que a pessoa recomendada reflecte é a da pessoa que a recomendou ou a da pessoa que a recomendou".

17. O princípio da mudança e da adaptação às contingências socioeconómicas e políticas.

Este princípio exige que a empresa ou organização tenha uma dinâmica operacional para se manter eficaz durante um período de tempo.

A mudança de pessoas merece uma atenção especial para não desestabilizar a empresa ou a organização.

As reformas estruturais são condicionais e devem permitir a sobrevivência da empresa ou da organização e devem evitar a complacência ou o simples facto de satisfação tribal ou racista ou por razões de castigo ou de sanções politicamente infligidas aos agentes.

18. O princípio da autorregulação

É o processo pelo qual a empresa ou organização determina os mecanismos de resolução de conflitos e os mecanismos de controlo interno ou externo, a fim de estabelecer os limites da autoridade.

Cada trabalhador tem os seus direitos e deveres, e a autorregulação permite evitar que a agitação se instale na empresa ou na organização graças à sua força na aplicação do sistema de sanções.

Esta aplicação não deve ser confundida com a tolerância, o perdão e a rejeição da apreciação hierárquica, que pode conduzir à injustiça e ao ajuste de contas.

Muitas vezes, espera-se que o princípio da autorregulação esteja ligado à política da direção, que deve prestar contas à autoridade superior para controlar o seu poder e evitar a subjetividade das acções a empreender.

Apêndice 2

Os dezasseis conhecimentos do Nsamanismo

O conhecimento nsamanista é :

1. Construir um monumento a partir do zero

O fio condutor que mantém o gestor ativo e em movimento tem as suas origens no trabalho. Um provérbio Luba concretiza esta ideia poderosa quando diz: "um homem perseverante nunca deixa de obter um bom resultado, porque as suas ideias são ricas".

A vida é complexa, mesmo nas organizações e nas empresas, tem os seus altos e baixos, mas o gestor, imbuído deste princípio, terá de reunir todos os recursos à sua disposição, ou procurá-los noutros locais, para os encaixar numa combinação racional para um resultado positivo.

2. Enfrentar o medo

Em gestão, o medo foi identificado como o inimigo das pessoas que acreditam na mudança ou no progresso, um travão à emancipação. A história de David e Golias, na Bíblia, diz-nos tudo o que precisamos de saber sobre esta fraqueza, que é o medo, porque se David se tivesse subestimado, não teria enfrentado as adversidades para vencer a batalha contra Golias.

De facto, o gestor deve enfrentar o medo, enfrentar os obstáculos e o perigo com coragem e pensar em termos do icebergue organizacional e operacional no seu caminho, como disse um Yaka: "um antílope que sai do fogo não tem medo nem vergonha de fugir apesar dos gritos do povo".

Assim, aqueles que não desafiam o medo não podem realizar o seu potencial, porque as pessoas corajosas libertam-se dos seus berços e transmitem a sua mensagem, a sua contribuição para o desenvolvimento da empresa ou da organização em que se encontram, para sobreviverem e crescerem.

3. Saber ousar.

Como diz muito bem o nosso modelo RAR, o gestor ou administrador de um novo tipo de empresa ou organização continua a ser um homem de ação. Ele sabe quando pode agir, quando pode tomar as medidas certas para obter um resultado positivo e essencial.

Não ousar é permanecer preguiçoso e inativo, porque o princípio da tentativa e erro é uma forma particular de saber ousar. Alguns gestores defendem que a pessoa que ousa está imbuída da perseverança que a motiva a agir. Note-se que o gestor é aquele que, num determinado ambiente, tem de dizer o que deve ser feito para melhorar os efeitos impostos pelo ambiente, porque precisa de ir além de si próprio e utilizar estratégias de gestão para um melhor empreendedorismo.

4. Fazer melhor - melhor

O novo tipo de gestor é dotado de uma criatividade eterna. Ele deve transformar factos em procedimentos, fracassos em sucessos,

Ao procurar a eficácia, a eficiência, a racionalidade, a pertinência e o desempenho destas acções, ele deve mudar e transformar o seu ambiente. Assim, convém notar que a qualidade da empresa ou da organização depende em grande parte da parte do trabalho do gestor, porque a melhoria das condições de vida continua a ser o campo de batalha do gestor e, mais particularmente, do novo tipo de gestor, o gestor-líder.

5. Assumir riscos calculados

Considerado como um empresário por excelência, o gestor deve assumir riscos calculados.

[0]Quando analisa uma situação e constata que a taxa de sucesso de uma ação é de 50 /0, aproveita a oportunidade.

6. Não enfrentes alguém mais forte do que tu.

Por outras palavras, se não quisermos fazer aquilo em que não acreditamos, temos de contornar a situação ou fazer com que seja feita do nosso lado, porque a grande estratégia de um gestor é a diplomacia e a negociação.

De facto, para o povo Nande, trata-se de uma estratégia de gestão aceitável, a expressão comum é que é preciso quebrar a pena, humilhar-se com o patrão para aprender o que ele faz e depois imitá-lo para se tornar grande neste domínio, para que um dia se chegue a patrão.

7. Luta contra a pobreza

Ele deve considerar a pobreza como um vício, porque ele próprio é dinheiro. Alguém inteligente soube aproveitar-se da feiúra de Tubi, uma pessoa que pesava 350 kg e comia 5 vezes por dia, e disse-lhe: "Se queres continuar a comer bem e a ganhar dinheiro, levo-te a um sítio, alugo-te uma banca. Quem quiser ver-te, pagará dinheiro. A publicidade em torno do teu nome vai trazer um jogo de fãs. As receitas da venda de bilhetes serão divididas de acordo com uma chave de repartição. Esta é uma estratégia que enriquecerá este empresário e Tubi. É apenas uma estratégia entre milhares.

8. Trabalhar com empresários

É preciso saber selecionar e escolher os amigos que podem ser úteis para obter e atingir os objectivos previamente definidos. Uma vez que se observou amargamente que os amigos pobres empobrecem ainda mais os ricos, porque só podem viver à custa dos ricos, conclui-se que não podem ajudar o Gestor a atingir os seus objectivos com as suas contribuições.

Na cultura Luba, diz-se que "kunda ya bani itu boba nemata", ou seja, "o feijão de várias pessoas é preparado com a saliva dos envolvidos", o que significa que "há força na unidade". No entanto, cada um dos membros dessa unidade deve ter força, porque a soma das diferentes forças e inteligências constituirá um grande poder.

É por isso que é tão importante que os gestores façam uma escolha informada sobre os amigos e colegas que podem contribuir para a realização e o desempenho das suas acções e actividades.

9. Saber como avançar na desordem em vez de sonhar no lugar

Homem de ação e de iniciativa, o gestor e dirigente de uma empresa não pode passar o dia inteiro a sonhar acordado ou sem fazer nada. Terá pressa, porque é melhor empreender acções, mesmo de forma desorientada e dispersa, para que algumas delas conduzam a um resultado positivo e outras possam ser modificadas para atingir o mesmo fim.

Como diz um provérbio Mbuun: "Quem sobe a uma palmeira não pode olhar para baixo". É preciso continuar a avançar para alcançar o seu objetivo, ouvir os outros e iniciar acções que contribuam para a sua sobrevivência e a da sociedade em que vive, porque é melhor tomar a decisão errada e ter os riscos calculados para si do que não tomar a decisão certa.

É simplesmente melhor fazer isso do que ficar de braços cruzados, porque, mais cedo ou mais tarde, as melhorias ou correcções só serão feitas naquilo que já existe.

10. Combinar o planeamento com a improvisação

O planeamento é entendido como uma fase do processo de gestão em que são decididos os objectivos a atingir e os recursos necessários para os atingir, tendo em conta as forças ambientais susceptíveis de influenciar a atividade.

Qualquer gestor do novo tipo (Manager), depois de ter planeado uma atividade, pode deparar-se com circunstâncias imprevistas no decurso da sua execução. Na sua natureza, não pode ser emotivo, deve enfrentar o medo perante qualquer situação e, depois, para uma situação imprevisível e imponderável, deve dar soluções ad hoc. A resolução desta situação imprevista não pode fazer com que o gestor se sinta embaraçado.

11. Cultura de gestão imediata

Como uma pessoa refinada, com a cultura de qualquer organização, desenvolve aptidões, reflexos e competências reais para o seu bom desempenho. Recomenda-se, portanto, que seja um homem com uma cultura espontânea, instantânea, não hesitando perante um caso. Dá uma resposta adequada, ou seja, à fome, uma refeição; à sede, uma bebida; à necessidade de dinheiro, trabalho.

12. Ter um modelo

Um modelo é a representação de um sistema complexo que se supõe ser mais simples e que também se supõe possuir certas propriedades semelhantes às escolhidas. Por outras palavras, é um modelo cujo comportamento e formas de realizar acções bem sucedidas devem ser imitados, e que deve ser considerado um Santo Patrono. É também obrigado a ser um modelo para os outros, porque é um modelo, uma via, um caminho, um método a seguir para atingir os seus objectivos.

13. Saber como alterar o procedimento

Se a gestão é a ciência da transformação dos factos em procedimentos. É evidente que o chefe de uma empresa ou de uma organização seria esse ativista que deve transformar factos em procedimentos para melhorar o que o ambiente lhe impõe, porque marca e condiciona.

Sem pressas, tem de analisar as coisas porque não vale a pena correr, há que começar pelo ponto certo, porque está equipado e é competente por excelência, não pode precipitar-se a tomar decisões ou a escolher iniciativas sem estudo prévio.

14. Ter uma cabeça pensante

Em qualquer momento, tudo o que tem a fazer é pensar, criar e iniciar acções cujo único e mais ardente desejo é que os seus colaboradores o sigam e ponham em prática todos os aspectos que ele visou. Depois de ter identificado tantas acções a desenvolver, deixará aos seus colegas a tarefa de pôr em prática as suas ideias. Ele deve continuar a ser a orquestra de um homem só que toca isto e aquilo.

15. Saber que a falta de tempo é uma perda de tempo

Os americanos dizem, com ou sem razão, que "time is money", porque o tempo deve ser prioritário, e o tempo é uma fonte de recursos como qualquer outro recurso empresarial ou organizacional, especialmente para as empresas de transportes. Quem tem falta de tempo e de recursos é alguém que não sabe utilizar esses recursos de forma racional, porque só há 24 horas num dia, e isso é verdade para todos, pelo que a falta de tempo é uma forma de não o materializar negativamente e de não o utilizar corretamente.

Todas as empresas de transportes são aquelas que aplicam sabiamente os recursos de tempo, porque o tempo está no centro das actividades de transporte.

16. Saber quando intervir

Ao gerir ou dirigir uma empresa ou uma organização, mesmo que o gestor seja a pessoa que toca em tudo, que cria, que toma iniciativas, que tem um modelo a seguir e que é ele próprio o modelo para os outros, deve permanecer um homem sábio e prudente.

Tem de ser aquele que sabe intervir, no momento certo e no momento oportuno ou desejado, porque não se deve deixar para amanhã o que se tem de fazer hoje, porque o amanhã não nos pertence e sempre que surge um problema, temos de intervir com soluções adequadas ou soluções que conduzam a um resultado positivo. Não deixes para mais tarde o que tens de fazer.

Um homem sábio disse um dia: "Cada momento requer uma ação apropriada".

Printed by Books on Demand GmbH, Norderstedt / Germany